"十三五"江苏省高等学校重点教材
(编号:2020-1-074)

数字摄影技艺

(第2版)

刘 峰 李振宇 彭 强 著

苏州大学出版社

图书在版编目(CIP)数据

数字摄影技艺/刘峰,李振宇,彭强著. —2 版
. —苏州:苏州大学出版社,2022.2(2023.7重印)
"十三五"江苏省高等学校重点教材
ISBN 978-7-5672-3857-2

Ⅰ. ①数… Ⅱ. ①刘… ②李… ③彭… Ⅲ. ①数字照
相机-摄影技术-高等学校-教材 Ⅳ. ①TB86②J41

中国版本图书馆 CIP 数据核字(2022)第 018897 号

数字摄影技艺(第 2 版)

刘　峰　李振宇　彭　强　著

责任编辑　方　圆

苏州大学出版社出版发行

(地址:苏州市十梓街 1 号　邮编:215006)

苏州市深广印刷有限公司印装

(地址:苏州市高新区浒关工业园青花路 6 号 2 号厂房　邮编:215151)

开本 889 mm×1 194 mm　1/16　印张 17　字数 391 千

2022 年 2 月第 2 版　2023 年 7 月第 2 次印刷

ISBN 978-7-5672-3857-2　定价:88.00 元

作者简介

刘峰，男，1973年1月出生，江苏宿迁人，宿迁学院(江苏省属公办高校)副教授、江苏省宿迁市"千名拔尖人才培养工程"第一层次培养对象、中国摄影家协会会员、中国民俗摄影协会会士、国家职业技能鉴定(摄影)考评员、中国高等教育学会会员。多年从事高校影视传媒类专业课程教学工作，主授课程主要有"广告摄影""商业摄影""数字摄影""实用摄影技术""广告摄像""电视纪录片创作""报刊编辑"等。编撰出版"数字影视后期制作""影视艺术通论""电视摄像""数字摄影技艺""中外经典电影解析""摄影采风创作实践暨作品解析"等影视类著作及教材10部，累计约450万字。主持完成省部级社科基金项目、省级重点教材建设项目、省级本科优秀培育教材项目及市厅级社科规划课题、教改研究立项课题多项。先后在权威、核心期刊及全国其他各级媒体发表学术论文与新闻、摄影、文学等作品数千篇(幅)。

李振宇，男，1982年9月出生，四川南充人，《人民周刊》杂志社区域总监，国家高级摄像师，长期从事电视摄像、航空摄影、非线性编辑制作等工作。工作10多年来，出品了多部数字电影及城市宣传片，拍摄制作了500余部电视作品并在中央广播电视总台播出。曾先后荣获全国优秀电视军事节目一等奖(新闻类)，全军后勤专题类优秀声像作品特别奖、一等奖。先后拍摄制作了《毛泽东重庆谈判》《玉兰花开的日子》《三军联勤战震灾》《守望玉树》《鸟瞰都市》《鸟瞰新农村》等多部电视专题片，编导制作了《大爱的源泉》《特殊的生命线》《废墟上托举的希望》等电视纪录片，合著有《影视艺术通论》《电视摄像》《中外经典电影解析》等多部著作，先后获得50多项国家专利证书。

彭强，男，1971年7月出生，湖北枝江人，武汉理工大学教师，教育技术学硕士，产业经济学博士在读。多年从事数字媒体制作、数字特效制作等课程的教学实践工作。参与电视剧《中原突围》(获"五个一工程"奖)等影视作品的拍摄制作，以及《三峡大坝》等纪录片的三维动画后期制作。参与多项国家在线开放课程的技术研发工作，主持教育部产学协同育人项目、教学改革研究项目多项，完成国家某深潜器UI交互仿真设计。指导学生在大学生创新创业大赛、中国大学生计算机设计大赛、全国大学生广告艺术大赛、全国大学生数字化教育应用创新大赛中获一、二、三等奖20余项。多篇学术论文在核心期刊上发表，并被EI等数据库收录，参编高等教育"十二五"规划教材两部，获1项国家发明专利和10多项软件著作权。

彰显光影魅力
扮靓艺术人生

　　摄影如同音乐、绘画艺术一样,是一种世界性语言,具有独特的光与影的魅力。它是现实同艺术的映现与升华,是文化同艺术的交汇与融合,在大千世界中彰显着自身的特色与力量。摄影不仅能够记录宏观世界与微观世界,捕捉自然界和社会生活中的美好瞬间,帮助人们形象地感受自然、了解社会、理解生活,还能够真实地记录历史、再现历史,甚至被广泛运用于科学、文化、教育、艺术、传媒等各个领域,渗透到经济社会发展的各个方面,通过不断发现美、定格美、表现美、创造美,成为传播世界文明、促进国际文化交流的重要手段。

　　摄影用镜头定格真、善、美,以富有张力和质感的作品来记录这个世界,使人全面、深入地认知世界,并全身心融入那些令人向往的人间秘境。优秀的摄影艺术作品能够让人与世界相互交融,可谓是一图胜千言,这就是摄影技艺的魅力之所在。

　　本书作者刘峰长期致力于摄影技术、影视艺术的研究,已出版10部影视类著作及教材,其中《数字摄影技艺》和《数字影视后期制作》(第2版)分别被遴选为"十三五"江苏省高校重点教材、江苏省本科优秀培育教材。《数字摄影技艺》(第2版)在总结以往研究成果的基础上,结合摄影艺术作品进行解读分析,深入浅出,有可读性。本书紧紧把握时代脉搏,融合当前摄影界的前沿理念和技术成果,做到理论与实践有机融合。书中结合大量的图片范例,以期达到以图示理、以图示范之目的。本书既作为"十三五"江苏省高校重点教材,同时被授权作为中外摄友联盟、全球影人联盟及世影联(中国)指定用书,学界、业界对其寄予的厚望由此可见一斑。

　　衷心期望《数字摄影技艺》(第2版)能为广大读者打开创新思维的一扇窗口,提高影视类等相关专业学生的综合水平和专业素养,全面提升专业技能人才的艺术造诣和实践能力，为培养适应影视文化事业发展需要的应用型、复合型人才发挥出应有的作用，为中国未来影视艺术教育的健康蓬勃发展注入正能量。

是为序。

2021 年 9 月

（序作者系中国高校影视学会媒介文化专业委员会主任委员、中国传播学研究会副会长、江苏省传媒艺术研究会副会长，教育部"长江学者"特聘教授，苏州大学传媒学院执行院长、博士生导师）

前言

智媒时代数字技术的迅猛发展,给摄影领域带来了强烈的冲击,从静态摄影到动态摄影,从无人机摄影到 VR 技术应用等,无一不为摄影行业的蓬勃发展开辟了广阔而又崭新的空间。随着高等教育大众化进程的不断加快与推进,社会各界对数字型、复合型影视人才的需求越发强烈。

为满足广大高等院校对高层次摄影人才的培养需求,以及现代视觉媒体、摄影图片制作机构及大中型影楼等对摄影专业人才的广泛需求,特修订完善了《数字摄影技艺》教材。该书于2020 年 11 月被遴选为"十三五"江苏省高校重点教材,这次再版,遵循"应用新技术、贯彻新理念、倡导新思维"的修订原则,对摄影技术、摄影艺术及摄影实践创作等方面的内容进行了更新,全书配以大量图例与作品分析剖解摄影技法与技巧,帮助读者形象直观地掌握摄影专业知识与技能,全面提升综合创新能力。再版内容涉及摄影器材的选择与配置、摄影审美眼力的培养、摄影光线的运用、摄影构图、人像摄影、新闻摄影、广告摄影、风光摄影、花卉摄影、体育摄影、舞台摄影、时装摄影、静物摄影、纪实摄影、夜景摄影、摄影艺术创作与创意设计、数字相机高清视频拍摄、手机摄影及优秀摄影佳作欣赏等。

本书立足摄影技艺,强化摄影实践,可谓集"图、文、技、艺"于一体,融"教、学、做"于一体,并努力做到"九大结合",即教材内容的理论性与实践性相结合,教材效能的实用性与适用性相结合,教材知识的通俗性与趣味性相结合,教材方向的全面性与重点性相结合,教材对应课程的精准性与宽泛性相结合,教材选用作品的代表性与引领性相结合,教材图文比例的多样性与统一性相结合,教材体例建构的合理性与创新性相结合,教材未来建设趋势的开放性与职业性相结合,以期实现"优秀教材+优质教学+专业技能=优秀复合人才"之宗旨与目标。本书可作为普通高等院校艺术、教育、文学等相关专业教学用书,也可作为摄影从业人员以及广大摄影爱好者的参考用书。

本书第十八章和第十九章由李振宇、彭强与刘峰合力撰写,其余各章图片(除署名外)与文字内容均由刘峰拍摄并修订完稿。衷心期望本书的出版能为积极推进影视艺术事业的蓬勃发展尽微薄之力。

由于著者摄影技艺及编撰水平有限,加之时间仓促,疏漏及不完善之处在所难免,谨祈业界专家、学者和广大读者赐教并批评指正。

中国摄影家协会会员、中国高等教育学会会员

国家职业技能鉴定(摄影)考评员　刘　峰

2021 年 9 月

目录

第三章　摄影审美眼力的培养

第四章　摄影光线的运用

第五章　摄影构图

第六章　人像摄影

第七章　新闻摄影

第八章　广告摄影

第九章　风光摄影

第十章　花卉摄影

第十一章　体育摄影

第十二章　舞台摄影

第十三章　时装摄影

第十四章　静物摄影

第十五章　纪实摄影

第十六章　夜景摄影

第十七章　摄影艺术创作与创意设计

第十八章　数字相机高清视频拍摄

第十九章　手机摄影

第二十章　优秀摄影佳作欣赏

摄影概述

第一章

 本章学习目标

1. 了解摄影艺术的基本内涵与基本特性。
2. 了解我国摄影艺术发展历程。
3. 了解摄影基本分类与西方摄影流派。

 本章内容思维导图

摄影概述

- 摄影艺术的基本内涵与特性
  - 摄影艺术的基本内涵
  - 摄影艺术的基本特性
- 我国摄影艺术的发展历程
  - 早期摄影（1840—1889年）
  - 近代摄影（1890—1917年）
  - 现代摄影（1918—1959年）
  - 当代摄影（1960年至今）
- 摄影的基本分类与西方摄影流派
  - 摄影的基本分类
  - 西方摄影流派

公元前 400 多年，中国哲学家墨子观察到小孔成像现象，并记录在其著作《墨子·经下》中，成为有史以来对小孔成像最早的研究和论述。墨子之后，古希腊哲学家亚里士多德和数学家欧几里得、战国末期法家韩非子、西汉淮南王刘安、北宋科学家沈括等中外学者都对小孔成像有颇多论述及运用，但只可观察，无法记录。

1250 年，马格纳斯发现银盐受光变黑的现象。这样，发明摄影术所需的两方面基础——物理学与化学新认知都已具备。

16 世纪文艺复兴时期，欧洲出现了供绘画用的"成像暗箱"。

1704 年，英国人牛顿首先论及"干涉色"现象。

1725年，德国纽伦堡阿道夫大学医学教授舒尔茨发现硝酸银溶液在光作用下会变黑，并于1727年发表论文《硝酸银与白垩混合物对光的作用》，论文讨论了硝酸银混合物在光作用下记录图案的功能，德国人称之为"现代摄影的始祖"。

1757年，英国人道龙发明消色差透镜。同年，意大利人贝卡利发现了氯化银的感光性能。

1793年，法国尼埃普斯兄弟首先设想利用感光物质来固定针孔镜箱所形成的影像。

1802年，英国人汤姆斯·维吉伍德发明"晦影照相机"，使用可感光的硝酸银纸，其学生亨弗利爵士以氯化银取代硝酸银定影，制成人类史上第一张较能久存的照片。此二人被誉为"暗箱"与感光材料结合的先驱者。

1816年，法国人尼埃普斯用自己定名的"人工魔眼"透镜装配出第一架照相机，并使用它制作出一些不能耐光的负像照片。

1817年，德国人格罗特胡斯创立光化学反应的理论，并在1818年公开发表。

1819年，英国人赫谢尔发明了定影法，可使已感光的氯化银固定下来，从而可长期保存影像，其方法一直被沿用至今。

1822年开始，法国人尼埃普斯研究以玻璃板为片基固定影像，并于1825年取得以金属板固定的影像。

1825年，尼埃普斯用晒相法在涂有沥青的石板上制作了《牵马少年》照片，画面为翻拍17世纪的一幅荷兰版画。

1826年，世界上第一幅实景照片《窗外》问世，是尼埃普斯在经过13年的反复实验后，于1826年拍摄的他住房窗口外的景况。他把一块涂有能感光的沥青层的白蜡板放置在暗箱里，把暗箱固定在他的工作室的窗口，曝光了8个小时，再经过冲洗，获得了人类拍摄的第一张实景风光照片。尼埃普斯把这种用日光将影像永久地记录在玻璃和金属板上的摄影方法，称作"日光蚀刻法"，又称阳光摄影法。他的摄影方法，比达盖尔早了十几年。

1827年，尼埃普斯创立了"照相制版法"，用摄影方法来复制雕版。作为一个印刷业商人，其摄影方法一直处于商业保密状态未予公开，因而他的摄影术发明未能得到公认。

1829年，热衷于创作全景画作为舞台背景的法国巴黎歌剧院美术师达盖尔，开始与尼埃普斯合作，共同研究摄影术。

1837年，达盖尔创立了"银版摄影法"。该方法是将镀银铜板在暗室中与碘接触，使其表面生成可感光的碘化银。经拍照曝光后放入有水银的暗箱中加热，汞蒸气与铜板上受光部分的碘化银生成汞银合金影像，这就完成了"显影"。然后放入热食盐水中漂洗，未受光碘化银与氯化钠作用失去感光性并溶于水中，汞银合金组成的影像便永久固定于铜板上，从而完成了"定影"，得到一幅层次丰富的照片（也称"达盖尔摄影法"）。

1837年，达盖尔用水银蒸气使曝过光的铜板显影，用30分钟拍摄了《工作室一角》这幅有突破性的照片，这幅照片是存世最早的"达盖尔银版法"照片，也是世界上第一幅静物照片。

1839年8月19日，达盖尔公布了他发明的"达盖尔银版摄影术"，法国学术院举行的科学院和美术院联席会议宣布该日为"世界摄影术诞生日"。由此诞生了世界上第一台具有商业价值的可携式木箱照相机。达盖尔银版摄影法的发明,使摄影成为人类在绘画之外保存视觉图像的新方式,并由此开辟了人类视觉信息传递的新纪元,达盖尔成为举世公认的"摄影之父"。

1839 年, 英国天文学家约翰·赫雪尔博士首次提出 "Photography"(摄影) 这个词,底片(Negative)、正片(Positive)、快照(Snapshot)等名称也是由他首先提出的。

1840 年,法国福伦达公司利用达盖尔技术设计制造了德国第一架照相机,也是世界上第一架金属相机,被称为福伦达/达盖尔式相机。

1840 年,法国谢瓦利埃制造出世界上最早的木质折叠型相机,拍摄 165 毫米×216 毫米的画面。

1840 年,珀兹伐博士通过计算设计出著名的相对孔径为1:3.6 的珀兹伐镜头,从而为镜头设计开创了先例。

1841 年 6 月 10 日,英国皇家学会会员塔尔波特发表了"卡罗摄影法",这是世界上第一张纸质"负片",可由此洗印出多张照片,他被称为"摄影照相程序"发明家。

1842 年,德国比欧乌和斯特尔茨纳两人拍摄了摄影史上第一幅新闻照片《大火后的汉堡》。

1844 年,美国人德雷帕拍摄的《青蛙血球》,是世界上第一幅显微摄影,开创了医学摄影先河。

1855 年,英国人芬顿和助手斯帕林拍摄了克里米亚战争,时间长达 3 个月,获底片 360 张,这是摄影史上最早的战地摄影。他们归来后,于 10 月在伦敦举办了影展,该影展是世界首届新闻摄影展览,展出照片 312 幅。

1856 年,英国伦敦大学增设了摄影技术科目,从而成为世界上第一所设立摄影教育的学校。

1858 年,法国巴黎著名人像摄影家纳达尔乘热气球摄影,他是一位勇于开拓的摄影家,成为高空摄影第一人。

1861 年,英国人麦克斯韦尔摄制了世界第一幅加色法彩色照片《格子图案的缎带》。他对着缎带拍了 3 次,每一次都在镜头上使用不同的滤色器。得到的 3 个图像进行冲洗后,用 3 个投影机投射到同一个屏幕上,当 3 个图像对齐时,一个全新彩色照片就出现了。

1862 年,英国街头摄影家汤姆森开始街头拍摄,成为最早的纪实类摄影家。

1865 年,华盛顿拍摄的四幅一组的《暗杀林肯总统的罪犯被处绞刑》是摄影史上第一组系列新闻摄影照片。

1869 年,法国科学家迪奥隆首次发表"彩色照片制作法",因过于复杂未能得以推广。世界上第一幅用减色法获得的彩色照片是迪奥隆摄制的《叶子》。

1981 年,日本索尼公司(SONY)推出世界上第一台数字照相机(MAVICA),其相机首先以电荷耦合器件(CCD)代替传统的胶卷(底片)。此数字相机的雏形,拉开了数字照相机时代的序幕。从此,日本成为继英、法、德、美后在摄影器材研发上令人称道的国家,在摄影器材产销方面享誉全球。

1991 年,日本富士(FUJIFILM)和尼康(Nikon)两公司合作生产出世界上第一台数字化单眼相机,FUJI Nikon DS505(E2)、DS515(E2S)两款问世。

2000 年以后,数字相机品牌琳琅满目,可谓各领风骚,精锐尽出,给摄影家、爱好者带来更多的选择空间。

2021 年 8 月 1 日,据 123 网依托全网大数据显示,根据品牌评价以及销量评选出 2021 年相机十大品牌排行榜,前 10 名分别是富士(FUJIFILM)、索尼(SONY)、佳能(Canon)、松下(Panasonic)、尼康(Nikon)、徕卡(Leica)、宾得(PENTAX)、奥林巴斯(OLYMPUS)、柯达(Kodak)、哈苏(HASSELBLAD)。

摄影术诞生 180 多年来,经历了一个由简单到复杂、由低速向高速、由手工向自动化方向发展的过程。数字相机则从根本上改变了传统的摄影工艺和摄影体系,它不仅影响并改变着摄影业的经营观念、经营方法、管理及服务质量,而且有力地推动了摄影工作者创作观念及创作方法的更新。可以说,数字摄影为摄影事业的飞速发展开创了新的机遇。

数字相机的发展与电脑、微电子技术、电子元器件及大规模集成电路等相关产业的发展密切相关。随着图片处理、传递方式的数字化、智能化,数字摄影必将进一步推动科研、教育、新闻、军事、体育、广告等领域新的繁荣和发展。

第一节　摄影艺术的基本内涵与特性

一、摄影艺术的基本内涵

摄影是指使用照相机进行影像记录的过程,一般使用机械相机或数字相机进行摄影。有时摄影也被称为照相,也就是通过物体所反射的光线使感光介质等曝光的过程(对于数字摄影来说,即光线经过镜头将影像聚焦在数字相机的 CCD 或 CMOS 上)。

英文"Photography"(摄影)一词源于希腊语,原意为"光线"和"绘画、绘图"或两者合意"以光线绘图""用光描绘"。摄影与绘画同属造型艺术,都是用画面来表现的,但摄影是用近现代科技武装起来的具有现代气息的新兴艺术,通常把摄影叫作"光画"。从表现手法上看,往往把绘画称作"加法艺术",即绘画是画家在原本空白的画布或画纸上,把看到的、想到的东西一笔一笔地加上去;而摄影则称为"减法艺术",即借助相机对看到的全景通过取景框进行选取,或是用光与影来隐去那些游离于主题之外的、不需要的部分,或是在后期制作时通过 Photoshop 等图形处理软件对照片进行后期处理(减法处理)。摄影不同于绘画,其基本内涵是借助光线对客观对象进行描绘的视觉记录和表达方式,属于造型艺术范畴,而文化内涵乃是摄影艺术的灵魂。因而,摄影艺术作品是否生动感人,关键在于其作品自身体现出来的文化内涵是否丰富。

二、摄影艺术的基本特性

摄影被广泛地应用于新闻传播、艺术创作、航空航天、生物工程、地质勘探、机械制造、影视广告、虚拟现实、交互 3D 应用、国防、医学、军事、交通、科研及日常生活等各个领域,所拍摄的图片,有的是艺术作品,有的只是传达图像信息。那么,什么样的照片才能成为摄影艺术作品呢? 一是要具有艺术的普遍共性;二是要具有摄影艺术的独特之美。

(一) 摄影艺术的共性

1. 人文性

苏联作家高尔基说:"文学即人学。"艺术同样是人学,聚焦于人的社会活动,表现人的本质力量,着力描写人的命运和精神世界。摄影作品要想成为艺术,也应以表现人的性格命运、内心世界和精神风貌为重心。

说艺术是"人学",并不是说风光、静物等自然景物摄影就不是艺术,当艺术家在它们身上寄托人的审美理想,间接表现出人的精神力量时,这些纯自然的景物也同样成为艺术的载体和表现内容。如图 1-1《脊梁》,该图为 325 省道江苏省宿迁段扩建工程京杭运河七号桥上的矮塔斜拉桥。

图 1-1 《脊梁》

摄影作品《脊梁》以矮塔斜拉桥作为拍摄主体,通过简洁的构图、精练的用光,不仅给人带来强烈的视觉冲击感,更重要的是借物抒情、以物喻人,从侧面反映出西楚霸王项羽故乡的广大干群发挥敢试敢闯、奋发向上、勇挑重担、敢为脊梁的精神，为建设和谐美好的全国卫生城市、全国文明城市贡献出了智慧与力量。

2．形象性

艺术是通过具体生动的形象来反映客观世界本质的，因而艺术的成败往往取决于作品有没有塑造出生动感人、富有深刻内涵的典型形象。

摄影作品的艺术形象要具有典型特征，要融入作者的主观情感，表现出深厚的思想内涵和社会意义。如图1-2《万"众"归心》，这幅习作以汇聚线强化主体方式进行构图，色彩鲜明，画面简洁且富有美感。

图1-2　《万"众"归心》

3．情感性

艺术作品应情理交融，以情动人。摄影艺术创作需以理性思维和成熟的艺术观念为指导，以体现作品的内在思想与时代主题，摄影艺术作品创作离不开生活，离不开对生活中情和事的体验。拍何人、何事、何物、何情景、何典型细节，如何去拍，都需要有情感的引导和渲染。

图1-3是在千禧年之际使用轻便数字相机手持1/10秒拍摄的，反映的内容是在莫斯科举行的国际奥林匹克委员会第112次全会上，北京获得了2008年奥运会的主办权，时任奥委会主席萨马兰奇郑重宣布"2008年夏季奥运会主办城市是——北京"。这一振奋人心的消息，瞬

间让整个北京沸腾了,让国内的各个大学校园沸腾了,让整个中国沸腾了!这幅作品表达了作者及高校广大师生浓浓的爱国情感。

艺术之所以能感动人,除了深刻的思想内容外,与其美的表现形式紧密相关。艺术形式是内容在作品中的存在方式,包括内部的结构安排和可见的外观形态。要使艺术作品呈现出美的形式,必须做到内容和形式的和谐统一。

图 1-4 拍摄的是我国洪泽湖湿地千荷园内独特的生态美景。园内种植荷花 1 008 种,共有荷花 10 万株,其中盆栽 1.5 万株。有以"王莲"为代表的粤系品种,有以"艳阳"为代表的皖系品种,有以"红玉"为代表的冀系品种等,均为国内珍稀品种。沁人心脾的荷花清香让人完全沉浸在荷的世界里。《夏日荷塘》这幅摄影习作艺术语言简洁,画面主体突出,主旨鲜明,具有较强的视觉效果与形式美感。

图 1-3 《奥运中国!我们赢了!》

图 1-4 《夏日荷塘》

(二) 摄影艺术的特性

1．纪实性

摄影艺术之所以有别于文学、音乐和绘画等艺术形式,纪实性起着非常重要的作用。它通过摄影独有的技术手段,逼真地再现镜头前的景物,呈现画面影像外观和真实的细节,展现出摄影艺术独特的美感,以无与伦比的真实影像使人产生可信性和亲近感。摄影的写实本领远远超过绘画,是当今视觉真实感最强的艺术。如图1-5《习惯》,这幅作品抓拍的是孩子们司空见惯的一些动作。此图意在提醒教育工作者要加强对青少年学生良好习惯的培养,塑造其良好的个性品格。

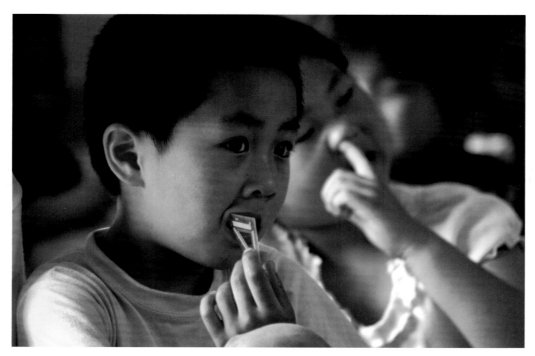

图1-5 《习惯》

2．瞬间性

摄影艺术与绘画虽然都是瞬间艺术,但它们的创作方法不同。绘画的画面瞬间是组合出来的,是想象的瞬间;而摄影必须进行现场取舍,这种取舍的瞬间是与生活同步的,是真实的生活片段。

任何事物的运动都有开始、发展、高潮、终止等变化过程,而艺术美感不是随时都有的,这就需要摄影者去抓取最动人、最精彩的一刹那。精彩瞬间是造型艺术所应追求的效果,但对摄影来说,它比绘画、雕塑更难捕捉。它需要摄影艺术家心明眼亮,在现场及时抓取。可以说,任何一幅摄影佳作都是精彩瞬间的呈现。如图1-6《朋友欢聚共笑颜》,这幅作品抓拍的就是学子们在大学校园聚会时的生动一瞬。

图1-6　《朋友欢聚共笑颜》

3.科技性

摄影是现代科学技术的产物,它是建立在光学、机械学、电子学等学科基础上的综合科技手段,这种科技能力不仅把生活中转瞬即逝的真实影像固定为可视画面,而且极大地拓展了人们的视野。从黑白到彩色,从胶片感光到数码影像,画面更加丰富真实;从宏观到微观,题材更加新颖全面。科技的发展使摄影艺术的题材内容和形式得以不断丰富与创新。

与绘画、雕塑等造型艺术相比,摄影艺术借助科技手段与图像处理软件使摄影者更容易进入创作的自由天地,更容易创作出既生动又逼真的艺术形象。这种视觉效果是其他艺术难以替代的。如图1-7《老艄公》这幅作品,拍摄的是一幅普通的人物肖像,但通过后期制作,使这幅习作有了木刻画的效果。

图1-7　《老艄公》

科技的发展将推动摄影事业的不断发展,不断创造出和人眼视觉感极为不同的形态结构、光色效果,既有真实的现实影像,也可虚拟设计制作出想象中的美好影像。总之,摄影艺术是用最新的科技手段记录世界。

对摄影艺术审美特性的进一步认识,有待于我们在摄影艺术实践中不断探索和总结,使之在理论上日趋完善,从而使摄影这朵艺术之花在百花园中开放得更加绚丽多彩。

第二节 我国摄影艺术的发展历程

1839 年 8 月 19 日为世界摄影术诞生日。《达盖尔摄影手册》于当年 8 月 20 日开始发行，是世界上最早介绍摄影术的书籍。

而摄影术传入中国是在 1844 年。清朝的两广总督兼五口通商大臣耆英，当时因外交活动频繁，常与西方的外交使臣交往。1844 年，法国海关总检察长埃及尔被清廷召见时，随身携带着照相机，提出要为清廷的官员们拍照，当时，宫廷里的人谁也没见过照相机，大家面面相觑，没有一个人敢先尝试。耆英见多识广，他接受了埃及尔的建议，让其为自己拍摄了照片。这些照片被海内外众多摄影史专家和档案专家认定为中国现存最早的照片，分别被法国摄影博物馆和中国第一历史博物馆、中国照片档案馆留存收藏。

纵观我国摄影艺术发展历程，可分为早期摄影、近代摄影、现代摄影和当代摄影四个阶段。

一、早期摄影(1840—1889 年)

摄影术传入中国是在 1840 年鸦片战争之后。随着不平等条约的签订，中国被迫打开五个通商口岸，外国人以牟利为目的开设照相店。由此，摄影术传入中国，并标志着中国摄影术的诞生。

1842 年 8 月 29 日，清政府与英国政府签订了丧权辱国的不平等条约——中英《南京条约》，并将中国的广州、福州、厦门、宁波、上海五个城市开辟为通商口岸，满足了英国侵略者蓄谋已久的要求。随后，大批外国商人和各国传教士接踵而来，将摄影术也传入了中国。最早使用摄影术的中国人是被称为中国"外交官"的耆英。1844 年 8 月，耆英到澳门同法国使臣拉萼尼谈判签约的时候，意大利、英国、美国、葡萄牙等四国官员向他索取"小照"，他很快将一式四份"小照"分赠。"小照"是中国旧有的名词，原为人们对画像的称呼，在摄影传入中国后的一段时间内，仍借用"画小照"来称呼摄影。当时给耆英照相的是以法国海关总检察官身份来华的埃及尔，耆英的照片使用的是银版法拍摄的。

1844 年，广东学者邹伯奇撰写了我国最早的两本研究摄影光学的著作《格术补》和《摄影之器记》。

1873 年，我国最早的摄影术专著《脱影奇观》在北平(今北京)出版，作者德贞，全书分为上、中、下三卷，有元、亨、利、贞四册，书的内容涉及理学、艺术、法则等。同年，清朝外交官员容闳奔赴秘鲁，实地拍摄了 24 幅当地迫害华工的照片，这些照片用于外交交涉并取得胜利，成为我国将摄影作品作为外交斗争工具的首例。

1876 年 5 月 29 日，梁时泰先生在上海开办照相馆，于上海《申报》刊登了一则广告："本馆向设香港,已历多年,得西人秘授,尽斯业之精微,巧照石片、牙片、绢片,而情景逼真。"这则广告成为我国摄影广告之首例。

二、近代摄影(1890—1917 年)

1903 年,周学熙在天津开办我国第一家设有摄影课程的学校——北洋工艺学堂。从此,我国有了专门教授摄影技术的学校。

1904 年,我国采用彩色照片的刊物《东方杂志》问世。

1907 年,由李汉桢作序的《实用映相学》出版,该书论述了摄影审美价值及艺术特征,是我国从艺术学角度谈摄影的书。

1910 年,南京举办了第一届"南洋劝业会",展出照片并评出相关奖项,这是我国摄影界第一次评奖活动,开创了历史先河。

1913 年,我国摄影民间团体精武体育会成立"精武体育会摄学部"。

三、现代摄影(1918—1959 年)

1919 年,北京大学几位教授("光社"成员)刘半农、吴缉熙、黄坚三人说服了一位人力车夫的妻子做人体摄影模特,并于这一年尝试拍下了中国第一张人体摄影作品。这位人力车夫的妻子成为中国人拍摄人体摄影作品的"第一模特"。

1920 年,我国新闻图片社——北大学生褚保衡等建立的"中央写真通讯社"成立。

1923 年,北京平民大学新闻系开设"照相制版课"。

1926 年,摄影家吴中行作品《牧归》入选英国伦敦摄影沙龙并获奖,后收入《英国国际年刊》,吴中行加入英国皇家摄影学会,成为我国参加外国影展和摄影组织的第一人。

1927 年,我国具有完整的艺术形态的摄影艺术理论专著《半农谈影》出版。

1932 年,钱景华设计制造的"环像相机"问世。

1950 年,中华人民共和国中央人民政府新闻总局组建新闻摄影局,下设新闻摄影处、摄影研究室、图片经理部等部门,使摄影成为党和国家宣传喉舌的一个重要部分。

1956 年,中国摄影家协会成立,这是全国性的摄影群众团体。

1958 年,我国百科全书式的暗房工艺知识专著《暗室技术》由上海人民美术出版社出版,该书作者达军。

1959 年 9 月 23 日,《浙江日报》第四版刊出我国著名跟踪摄影记者徐永辉的跟踪摄影报道《一户人家十年间》。

1959 年 10 月,由毛泽东亲笔题名的超大型文献摄影画册、国庆 10 周年巨型献礼之作《中国》出版发行,画册总主编为廖承志。画册总共收入 172 位摄影家的 463 幅作品,其中包括彩色作品 118 幅,古今画家的美术作品 27 幅。这是中华人民共和国 10 年发展的总结,也是我国摄影成就的象征,被称为"一本既有鲜明的主题思想,又有优美的艺术形式的画册","人们称赞它是新中国辉煌10年的见证,诗人则赞它是一部'伟大的史诗'"。

四、当代摄影(1960年至今)

1961年,摄影艺术造型理论专著《摄影艺术表现方法》出版,分为上、下两册,作者是中国老一辈著名摄影艺术家吴印咸(江苏沭阳县人)。

1979年,《"自然、社会、人"影展》(第一回)在北京揭幕。这是中华人民共和国成立后第一个完全由青年摄影家自发举办的摄影艺术展,在该展览的前言中,他们大声呐喊要尊重摄影艺术自身规律,呼唤"本体和现实主义创作方法"回归。同年,我国第一本摄影词典《英汉摄影技术词汇》由科学出版社出版,这本辞典的问世使我国摄影技术的发展迈上了一个新的台阶。

1980年,摄影专业出版社——中国摄影出版社成立,社长徐肖冰,总编辑刘旭。

1984年,中国摄影函授学院正式成立。

1987年2月,中国摄影家协会、中央电视台和中国摄影函授学院联合摄制了26集电视系列摄影节目《摄影学》,并在中央电视台播出,开创了我国电视传播摄影之先河。

1996年2月14日,我国首家摄影高等学府北京电影学院摄影学院在京成立。

2001年1月11日,人体摄影展——《中国人体摄影艺术大展》在广东省广州市中华广场揭幕。该展自1999年11月起面向全国征稿,历时一年有余,收到应征作品5 000多幅,作者总计600余人,展出作品107幅。

2001年,专业数码摄影垂直网站——迪派网正式开通。

2003年12月12日,在广东美术馆举行的《中国人本——纪实在当代》大型摄影展揭幕。策展人安哥用半年多的时间,对中国内地的纪实摄影者进行了拉网式的征稿,此次展览的主办方广东美术馆将所有的展品进行收藏,开创了中国大陆美术馆规模性收藏摄影作品的先例。

2007年2月9日,第50届世界新闻摄影比赛(WPP)——"荷赛奖"获奖作品在荷兰阿姆斯特丹揭晓。中国摄影师获得三项大奖,其中《东方早报》副总编辑常河的作品《中国动物园》获自然类组照二等奖;广州王刚的作品《彝族牧羊人》获人物单幅二等奖;《新京报》记者张涛的作品《盲人舞蹈队》获艺术类单幅三等奖。

2008年2月8日,第51届世界新闻摄影比赛(WPP)——"荷赛奖"获奖作品在荷兰阿姆斯特丹揭晓,《南方都市报》方谦华的作品《中国万州自然保护区内濒临灭绝的植物》获得自然类单幅一等奖;《天津日报》摄影记者祁小龙的作品《天津茶馆的评书》获得艺术类单幅三等奖;新华社记者费茂华拍摄的作品《2007运动瞬间》获得体育动作类(组照)二等奖。新华社记者吴晓凌关于柔道选手巴普蒂斯塔的特写《血染赛场》,获得体育专题类单幅金奖;《中国青年报》记者赵青的组照《北京电视上的奥运会》,以独特的视角获得体育专题类组照金奖。《杭州日报》记者陈庆港拍摄的救援部队在北川废墟中救出一名幸存者的照片,获得突发新闻类单幅金奖。《杭州都市快报》记者傅拥军摄影作品《西湖之畔的树》获得自然类组照二等奖,作品展现了西湖的美景与人们惬意的生活。《深圳经济日报》记者赵青的摄影作品《四川地震的幸存者》获得一般新闻类单幅二等奖,反映了北川地震幸存者在灾后的废墟上埋锅造饭的不屈一幕。《新快报》李洁军摄影作品获得肖像类组照三等奖。

2009 年 2 月 13 日,第 52 届"荷赛奖"获奖作品在荷兰阿姆斯特丹揭晓。中国共有 6 名摄影记者获奖,夺得 3 个金奖、2 个银奖和 1 个铜奖。

2011 年 2 月 11 日,第 54 届"荷赛奖"获奖作品在荷兰阿姆斯特丹揭晓。中国摄影师牛光于 2010 年 4 月 17 日拍摄的作品《藏族僧侣准备为玉树地震灾民集体火化》,获一般新闻类单幅二等奖;卢广凭借 2010 年 6 月 20 日大连消防队员在漏油清淤现场救灾的组照《大连油污救援》获突发新闻组照三等奖。

2012 年 2 月 10 日,《中国日报》摄影师李杨拍摄的《拯救绝望新娘》图片,获得了第 55 届"荷赛奖"突发新闻单幅三等奖。《楚天都市报》徐少锋拍摄的关于工人爬上高压电线杆的照片,获得个人优秀奖。中国摄影师旷惠民关于湖南湘潭纪念毛泽东主席的组图,获得艺术类组图三等奖。

2013 年 2 月 15 日,第 56 届"荷赛奖"获奖作品在荷兰阿姆斯特丹揭晓。中国摄影师郑晓群、储永志分别获得自然类、体育类二等奖,傅拥军、魏征则分别获得人物类(观察肖像及表演肖像)、体育类三等奖。

2014 年 2 月 14 日,中国摄影师陈坤荣作品《健身》获得第 57 届"荷赛奖"体育特写类组照二等奖。

2015 年 2 月 12 日,卢广、储永志、陈荣辉、鲍泰良、刘嵩和蔡圣相 6 位中国摄影师在 58 届"荷赛奖"中获奖。卢广的《发展·污染》获长期项目类三等奖,鲍泰良的《一步之遥》获体育类单幅一等奖,储永志的《耍猴人》获自然环境类单幅一等奖,陈荣辉的《圣诞工厂》获当代热点类单幅二等奖,刘嵩的《接受询问的性工作者》获肖像类单幅二等奖,蔡圣相的《买牛市场》获日常生活类单幅一等奖。

2016 年 2 月 18 日,中国摄影师张磊作品《雾霾在中国》获得第 59 届"荷赛奖"长期热点类单张一等奖,中国摄影师陈杰作品《天津爆炸》获得一般新闻类单张三等奖。

2017 年 2 月 13 日,中国摄影师王铁军获得第 60 届"荷赛奖"日常生活类单幅二等奖。

2018 年 4 月 12 日,中国摄影师李怀峰的摄影作品《土窑》获得第 61 届"荷赛奖"人物类单幅三等奖。本届"荷赛奖"共收到来自125 个国家和地区的 4 548 名摄影师提交的摄影作品73 044 幅。

第三节　摄影的基本分类与西方摄影流派

一、摄影的基本分类

摄影艺术广义上包括一切与摄影有关的艺术活动，狭义上特指可以作为一个艺术品种存在的摄影，是指运用光学成像等科学原理，使真实景物在平面里得到影像记录或反映的过程。依据第一拍摄目的的不同，摄影可分为记录摄影、艺术摄影和商业摄影。

从广义上进行分类，可分为两大门类：第一大类是记录摄影，主要分为文献摄影、科学摄影、生活摄影、纪实（新闻）摄影、人文纪实摄影（街头摄影、历史记录摄影、民俗摄影、揭露摄影）、非纪实性的人文摄影（风光静物摄影、商业摄影）六种；第二大类是艺术摄影，主要分为艺术人文摄影（婚纱、肖像、商业）、景观静物摄影（风光、花鸟、静物）、探索性摄影（创意摄影、电脑合成）三种。

从狭义上进行分类，可根据拍摄内容、拍摄环境、职业（产业）性质、光照条件、表现手法、人文题材等方面进行具体划分。

根据拍摄内容划分，可分为人物摄影、风光摄影、新闻摄影、生物摄影等。

根据拍摄环境划分，可分为舞台摄影、航空摄影、水下摄影、气象摄影、夜景摄影等。

根据职业（产业）性质划分，可分为工业摄影、农业摄影、商业摄影、科技摄影、教育摄影、军事摄影、体育摄影等。

根据光照条件划分，可分为自然光摄影和灯光摄影。

根据表现手法划分，可分为纪实摄影和创意摄影。

根据人文题材划分，可分为民俗摄影、自然地理摄影等。

根据摄影风格划分，可分为绘画主义摄影、印象派摄影、写实摄影、自然主义摄影、纯粹派摄影、新即物主义摄影、超现实主义摄影、抽象摄影、堪的派摄影、达达派摄影、主观主义摄影等。

二、西方摄影流派

1. 绘画主义摄影

绘画主义摄影是流行于20世纪初摄影领域的一种艺术流派，它产生于19世纪中叶的英国。该派摄影家在创作上追求绘画的效果或"诗情画意"的境界，它大致经历了三个阶段：仿画阶段、崇尚典雅阶段、画意阶段。

绘画主义摄影经历了较长的发展时期，第一个绘画主义摄影家是英国画家希路（1802—1870）。1851—1853年，是绘画主义摄影的成长时期。1869年，英国摄影家罗宾森（1830—1901）在《摄影的画意效果》一书中提出的"摄影家一定要有丰富的情感和深入的艺术认知",为该派奠定了理论基础。1857年,雷兰德(1813—1875)创作了一幅由30余张底片拼放而成的、具有文艺复兴风格的作品《两种生活方式》,标志着绘画主义摄影艺术上的成熟。

2．印象派摄影

1899年,法国印象派绘画展览首次举办。绘画主义派摄影家罗宾森在其影响下,提出"软调摄影比尖锐摄影更优美"的审美标准,提倡"软调"摄影。该流派是绘画印象派在摄影艺术领域的反映。作为绘画主义摄影的一个分支,有人把它称为"仿画派"。这一流派的摄影作品丧失了摄影艺术自身的特点,艺术特色是调子沉郁,影纹粗糙,虽富有装饰性,但缺乏空间感。

3．写实摄影

写实摄影流派源远流长,延绵至今,仍是摄影艺术中基本的、主要的流派,它是现实主义创作方法在摄影艺术领域的反映。该流派摄影艺术家在创作中恪守摄影的纪实特性,力求让作品散发出感染力和说服力。斯蒂格利茨曾说:"只有探讨忠实,才是我们的使命。"该流派创作题材大多取自社会生活。其艺术风格质朴无华,但具有强烈的见证性和揭示力量。最早的写实摄影当推英国摄影家德拉莫特于1853年拍摄的那些火棉胶纪录片。写实摄影家的作品都以其强烈的现实性和深刻性而著称于摄影史。

4．自然主义摄影

1899年,摄影家爱默生鉴于绘画主义创作的弱点,发表了一篇题为《自然主义的摄影》的论文,提倡摄影家回到自然中去寻找创作灵感。他认为,自然是艺术的开始和终结,只有最接近自然、酷似自然的艺术,才是最高的艺术。他说,没有一种艺术比摄影更精确、细致、忠实地反映自然。这一流派的创作题材,大多是自然风光和社会生活。由于自然主义摄影满足于描写的表面和细节的"绝对"真实,而忽视了对现实本质的挖掘和对表面对象的提炼,未能注意艺术创作的典型化和艺术形象的典型性。

5．纯粹派摄影

纯粹派摄影是成熟于20世纪初的一种摄影艺术流派,其倡导者为美国摄影家斯蒂格里兹(1864—1946),主张摄影艺术应该发挥摄影自身的特质和性能,把它从绘画的影响中解脱出来,用纯净的摄影技术去追求摄影所特具的美感效果——高度的清晰、丰富的影调层次、微妙的光影变化、纯净的黑白影调、细致的纹理表现、精确的形象刻画。该派摄影家刻意追求所谓的"摄影素质":准确、直接、精微和自然地去表现被摄对象的光、色、线、形、纹、质等诸方面。该流派在一定程度上曾促进了人们对摄影特性和表现技巧的探索与研究,这一流派的著名摄影家有斯特兰德、亚当斯等。

6．新即物主义摄影

新即物主义摄影又称支配摄影、新现实主义摄影,其理论先驱是斯特兰德。这是20世纪20年代出现的一种摄影艺术流派,新即物主义摄影的实际创始者为帕邱。该流派的艺术特点是在常见的事物中寻求美。用近摄、特写等景别,把被摄对象从整体中"分离"出来,突出地表现对象的某一细部,精确如实地刻画它的表面结构,从而达到炫人耳目的视觉效果。

7．超现实主义摄影

超现实主义摄影作为摄影艺术领域中的一种流派,兴起于20世纪30年代,这一流派有着较为严谨的艺术纲领和艺术理论。摄影中的超现实主义者利用暗房技术作为自己主要的造型手段,在作品中将景象具体的细部表现和任意的夸张、变形、省略与象征的手法结合在一起,创造一种现实和臆想之间、具体和抽象之间的超现实的"艺术境界"。超现实主义摄影流派的创始人是英国摄影家丝顿和美国的布留奎尔,真正实现者为英国舞台摄影家马可宾,他在自己的创作中,把超现实的"虚"同现实中的"实"糅合在一起,创造了一种既虚幻又实际的境界。

8．抽象摄影

抽象摄影为第一次世界大战后出现的一种摄影艺术流派。该流派的摄影家否定造型艺术是以可审视的艺术形象来反映生活、表现艺术家审美感受这一基本特性,宣称要把摄影"从摄影里解放出来",力图使用所谓形式、影调(色彩)和素材的"绝对抽象的语言",表现该派艺术家所说的人类最真实、最有本质力量的潜意识世界。抽象摄影的发轫者为泰尔博(1800—1877)。1922年,匈牙利抽象画家莫荷利纳基从理论上予以确立。随后,抽象画家康定斯基、克勒等引进了显微摄影和X光摄影,扩大了抽象派摄影的表现范围,丰富了摄影艺术的语言,建立了自己的艺术体系,并风行于欧美。

9．堪的派摄影

堪的派摄影是第一次世界大战后兴起的、反对绘画主义摄影的一大摄影流派。这一流派的摄影家主张尊重摄影自身特性,强调真实、自然,主张拍摄时不摆布、不干涉对象,提倡抓取自然状态下被摄对象的瞬间情态。法国著名的堪的派摄影家布列松说过:"对我来说,摄影就是在一瞬间及时把某一事件的状况和意义精确地记录下来。"这一流派的艺术特色是客观、真实、自然、亲切、随意、不事雕琢、形象生动而富有生活气息。催生该流派的作品是1893年摄影家斯蒂格利茨的《纽约第五街之冬》,而真正完成者则是德国的摄影家沙乐门博士,他在一次德法总理会议结束之际拍摄的《罗马政治会议》,因其生动、真实、朴实、自然,而成为该流派名垂摄影史的经典作品。

10．达达派摄影

达达派摄影出现于第一次世界大战期间,体现了欧洲的一种文艺思潮。达达主义艺术家在创作中主张"弃绘画和所有审美要求"。达达派摄影艺术家的创作,大多是利用暗房技术进行剪辑加工,创造某种虚幻的景象来表达自己的意念,并影响到以后出现的现代派摄影艺术。达达派著名摄影家有哈尔斯曼、摩根、利斯特基等。

11．主观主义摄影

主观主义摄影是在第二次世界大战后形成的一种比抽象派摄影更为抽象的摄影艺术流派,它是存在主义哲学思潮在摄影艺术领域的反映,其创始人是德国摄影家斯坦内特。他认为

"摄影具有高度的主观能动作用",于是提出了"摄影艺术主观化的艺术主张"。主观摄影就是人格化、个性化的摄影,这便是该流派的艺术纲领。该派理论家表示:"主观摄影不仅仅是一种试验性的图像艺术,更是一种自由的不受限制的创造性艺术。"

 思考与练习题

1. 如何根据摄影艺术的共性在现实生活中进行摄影艺术创作?

2. 如何根据摄影艺术的特性开展摄影艺术创作研究?

3. 学习借鉴西方摄影流派的相关观点,思考如何将其运用到摄影艺术创作之中。

数字摄影器材的选择与配置

 本章学习目标

1. 了解数字相机的基本需求与科学选配。

2. 了解相机镜头的基本需求与科学选配。

3. 掌握相机及镜头参数的基本设置。

4. 掌握数字影棚灯具的基本使用方法。

5. 学会科学选配并使用摄影所需附件。

6. 掌握数字摄影器材的基本维护与保养方法。

本章内容思维导图

数字摄影器材的选择与配置

- **数字相机的科学选配**
  - 普及型入门级专业数字相机
  - 适用型中端专业数字相机
  - 卓越型中高端全画幅专业数字相机
  - 旗舰型顶级专业数字相机

- **数字相机镜头的科学选配**
  - 佳能相机选配镜头参考
  - 尼康相机选配镜头参考

- **数字相机及镜头参数的设置**
  - 感光度的设置
  - 白平衡的设置
  - 光圈的设置
  - 快门的设置
  - 图片格式的设置
  - 色温的设置
  - 对焦模式的设置
  - 驱动模式的设置
  - 曝光补偿的设置
  - 拍摄模式的设置

- **数字影棚灯具等器材的选择与配置**
  - 闪光灯的配置
  - 冷光源
  - 数字影棚的附属设施与配件

- **数字摄影室的常用附件**
  - 电子闪光灯
  - 引闪器
  - 色卡
  - 遮光罩
  - 云台与快装板
  - 滤镜
  - 存储卡
  - 反光板
  - 测光表
  - 独脚架与三脚架
  - 背景机与背景
  - 数字影像输入设备：扫描仪
  - 数字影像输出设备：打印机

- **数字相机的维护与保养**

第一节　数字相机的科学选配

　　数字摄影中一般使用 135 单镜头反光式数字相机(Digital Single Lens Reflex Camera,常简称为 DSLR)较多。市场中的代表机型有尼康、佳能、宾得、富士等。此类相机一般体积较大、较重,像素通常是 1 600 万—6 000 万。在专业照相机领域,目前最高像素的照相机是瑞士 seitz 公司的巨无霸 6×17 数码相机,像素为 1.6 亿;运用于军工、航天等国防科技领域的照相机像素更高,全球最高像素的相机是来自美国麻省理工学院的 Pan-STARRS 天文相机系统,像素达到 14 亿之多。

　　数字摄影器材的选择与配置主要是考虑经济、实用和需求的品质等因素。可根据各自情况,参照经济型配置、中档型配置和高档型配置进行相应的选购。现就佳能、尼康两大品牌的单反数字相机做简要介绍。

一、普及型入门级专业数字相机

　　对于普及型入门级的专业数字相机,可选择尼康 D5600、佳能 EOS 850D 等。

　　1. 尼康 D5600 入门级数字相机(图 2-1)

　　(1) 传感器尺寸:APS 画幅(23.5 毫米×15.6 毫米)。

　　(2) 有效像素:约 2 416 万,最高分辨率 6 000×4 000 像素。

　　(3) 连拍速度:支持(最高约 5 幅/秒)。

　　(4) 快门速度:1/4 000 至 30 秒。

图 2-1　尼康 D5600 入门级数字相机

（5）高清摄像：1 080 p，1 920×1 080 逐行。

（6）产品类型：入门级数字单反相机。

（7）显示屏类型：触摸屏。

（8）闪光灯类型：内置。

（9）感光度：自动，ISO 100 至 25 600（以 1/3 EV 为步长调校）。

（10）防抖性能：不支持防抖。

（11）短片拍摄及视频分辨率：60 p、30 p、25 p、24 p、50 p；1 920×1 080 像素。

（12）自拍功能：2 秒、5 秒、10 秒、12 秒。

（13）无线性能：Wi-Fi；802.11 b/g。

（14）存储卡类型：SD/SDHC/SDXC 卡（兼容 UHS-I）。

（15）文件格式：图片（JPEG、RAW）；视频（MOV、H.264、MPEG-4）。

（16）上市日期：2016 年 11 月。

（17）参考价格：裸机 3 500 元左右。

2．佳能 EOS 850D 入门级数字相机（图 2-2）

（1）传感器尺寸：APS-C 画幅（22.3 毫米×14.9 毫米）。

（2）有效像素：约 2 410 万，最高分辨率 6 000×4 000 像素。

（3）连拍速度：支持（最高约 7 幅/秒）。

（4）快门速度：1/4 000 至 30 秒。

（5）高清摄像：4 K（3 840×2 160 像素），全高清（1 920×1 080 像素），高清（1 280×720 像素）。

（6）产品类型：入门级数字单反相机。

（7）显示屏类型：触摸屏。

（8）闪光灯类型：内置。

图 2-2　佳能 EOS 850D 入门级数字相机

（9）感光度：ISO 100 至 25 600。

（10）防抖性能：光学防抖。

（11）短片拍摄及视频分辨率：4 K（3 840×2 160 像素），全高清（1 920×1 080 像素），高清（1 280×720 像素）。

（12）自拍功能：2 秒、5 秒、10 秒、12 秒。

（13）无线性能：WiFi，蓝牙。

（14）存储卡类型：SD/SDHC/SDXC 卡。

（15）文件格式：图片（JPEG、RAW）。

（16）对焦方式：自动，手动，眼控对焦。

（17）上市日期：2020 年 4 月。

（18）参考价格：裸机 5 200 元左右。

二、适用型中端专业数字相机

中端专业数字相机可选择尼康 D780、佳能 EOS 90D 等。这一类数字相机既经济又实用，品质良好，性价比高。

1. 尼康 D780 中端全画幅数字单反相机（图 2-3）

（1）传感器尺寸：CMOS，全画幅（35.9 毫米×23.9 毫米）。

（2）有效像素：约 2 450 万，最高分辨率 6 048×4 024 像素。

（3）连拍速度：最高约 12 张/秒。

（4）快门速度及类型：1/8 000 至 30 秒；电子控制纵走式焦平面快门。

（5）高清摄像：支持4 K。

（6）产品类型：中端全画幅数字单反相机。

图 2-3　尼康 D780 中端全画幅数字单反相机

(7) 显示屏类型：3.2 英寸，TFT 屏。

(8) 闪光灯类型及闪光模式等：支持外接；自动，不闪光，强制闪光，防红眼，慢速同步；闪光灯回电时间 X≤1/200 秒。

(9) 感光度：ISO 100 至 51 200(以 1/3 或 1/2 EV 为步长进行微调)。

(10) 防抖性能：电子防抖。

(11) 短片拍摄：3 840×2 160 像素(24–30 p)；1 920×1 080 像素(25–120 p)。

(12) 自拍功能：2 秒、5 秒、10 秒、20 秒。

(13) 无线性能：双频 Wi-Fi，蓝牙 4.2。

(14) 存储卡类型：SD/SDHC/SDXC 卡。

(15) 文件格式：NEF、JPEG、MOV、MP4。

(16) 测光方式：多重测光、中央重点测光、点测光。

(17) 上市日期：2020 年 1 月。

(18) 参考价格：裸机 11 800 元左右。

2．佳能 EOS 90D 中端数字相机(图 2–4)

(1) 传感器尺寸：CMOS，22.3 毫米×14.8 毫米。

(2) 有效像素：约 3 250 万，最高分辨率 6 960×4 640 像素。

(3) 连拍速度：高速连拍在使用取景器拍摄时最高约 10 张/秒，使用实时显示拍摄时最高约 11 张/秒；低速连拍最高约 3 张/秒；连拍(摇摄模式)使用取景器拍摄时最高约 5.7 张/秒，使用实时显示拍摄时最高约 4.3 张/秒；静音连拍最高约 3 张/秒。

(4) 快门速度：1/8 000 至 30 秒、B 门、闪光同步速度 1/250 秒。

(5) 视频性能：最高支持 4 K 30 p(无载切)、FHD 120 p 视频录制。

图 2–4　佳能 EOS 90D 中端数字相机

（6）产品类型：中端单反数字相机。

（7）显示屏类型：触摸屏。

（8）闪光灯类型：内置；支持外接闪光灯（热靴）。

（9）感光度：自动 ISO（在 ISO 100 至 25 600 之间自动设置），在 ISO 100 至 25 600 之间手动设置（以 1/3 或 1 级为单位调节），可扩展至 H（相当于 ISO 51 200）；短片拍摄：自动 ISO（在 ISO 100 至 12 800 之间自动设置），在 ISO 100 至 12 800 之间手动设置（以 1/3 或 1 级为单位调节），可扩展至 H（相当于 ISO 25 600）；HDR 短片：ISO 感光度自动设置。

（10）快门寿命：12 万次。

（11）无线性能：NFC，Wi-Fi，蓝牙。

（12）存储卡类型：SD/SDHC/SDXC 卡。

（13）文件格式：图片（JPEG、RAW）；短片（MOV、MP4、MPEG-4 AVC、H.264）。

（14）上市日期：2019 年 9 月。

（15）参考价格：裸机 7 600 元左右。

三、卓越型中高端全画幅专业数字相机

根据专业需要和经济实力的不同，选择中高端档次的数字摄影的配置，主要是为拍出较大格式的图片和较高分辨率的图像。现根据目前市场情况为大家推荐尼康 D810A、佳能 EOS 5D4 等相机。

1. 尼康 D810A 全画幅高端专业数字相机（图 2-5）

（1）传感器尺寸：全画幅（35.9 毫米×24 毫米）。

（2）有效像素：约 3 635 万，最高分辨率 7 360×4 912 像素。

（3）连拍速度：最高约 7 张/秒。

（4）快门速度：1/8 000 至 30 秒、B 门、遥控 B 门、X250。

（5）高清摄像：1 920×1 080 像素。

（6）产品类型：高端单反相机。

图 2-5　尼康 D810A 全画幅高端专业数字相机

（7）显示屏类型：3.2英寸高清屏。

（8）闪光灯类型：外接。

（9）感光度：ISO 200 至 12 800。

（10）独特性能：全球首款具有深空专用天文摄影功能的相机(搭载全画幅传感器)。

（11）自拍功能：2秒、5秒、10秒、20秒；以0.5秒、1秒、2秒或3秒为间隔曝光1~9次。

（12）兼容镜头：兼容AF尼克尔镜头，包括G型镜头、E型镜头、D型镜头(PC镜头受到某些限制)、DX镜头（使用DX 24毫米×16毫米 1.5×影像区域）、AI-P尼克尔镜头以及非CPU AI镜头(仅限于曝光模式A、M和M*)。

（13）存储卡类型：SD/SDHC/SDXC卡，I型CF存储卡。

（14）文件格式：图片[NEF(RAW)]、TIFF、JPEG、[NEF(RAW)+JPEG]；视频(MOV)。

（15）上市日期：2015年2月。

（16）参考价格：裸机12 500元左右。

2．佳能EOS 5D4全画幅高端数字相机(图2-6)

（1）传感器尺寸：全画幅(36毫米×24毫米)。

（2）有效像素：约3 040万，最高分辨率6 720×4 480像素。

（3）连拍速度：支持(最高约7张/秒)。

（4）快门速度：1/8 000 至 30秒(总快门速度范围，可用范围随拍摄模式各异)、B门、闪光同步速度1/200秒。

（5）高清摄像：4K超高清视频(4 096×2 160像素)、全高清(1 920×1 080像素)、高清(1 280×720像素)。

（6）产品类型：高端单反相机。

（7）显示屏类型：3.2英寸触摸屏。

（8）闪光灯类型：外接，EX系列闪光灯。

图2-6　佳能EOS 5D4全画幅高端数字相机

（9）感光度：ISO 100 至 32 000，可扩展最高到 ISO 50 至 102 400。

（10）GPS 功能及无线性能：支持，Wi-Fi；IEEE 802.11b/g/n。

（11）对焦方式：单次自动对焦、人工智能伺服自动对焦、人工智能自动对焦、手动对焦。

（12）快门类型：电子控制焦平面快门。

（13）测光方式：评价测光、中央重点测光、点测光、局部测光。

（14）存储卡类型：CF/SD/SDHC/SDXC 卡（兼容 UHS-I）。

（15）文件格式：图片（JPEG、RAW）；短片（MOV、MP4）。

（16）上市日期：2016 年 8 月。

（17）参考价格：裸机 16 200 元左右。

四、旗舰型顶级专业数字相机

旗舰型顶级专业数字相机主要用于拍摄高品质的摄影图片，广大传媒及专业影像制作机构、高端影楼通常配备此类相机。对于 135 型专业数字单反相机，可选择尼康 D6、佳能EOS-1D X Mark III 数码相机等。此类相机像素高、清晰度高，是传媒业摄影记者、专业摄影师及大型影楼等较为理想的选择。

1. 尼康 D6 全画幅顶级高端专业数字相机（图 2-7）

（1）传感器尺寸：全画幅（35.9 毫米×23.9 毫米）。

（2）有效像素：约 2 082 万，最高分辨率 5 568×3 712 像素。

（3）连拍速度：支持（最高约 14 张/秒）。

（4）快门速度：1/8 000 至 30 秒（以 1/3、1/2 或 1EV 为步长进行微调，M 模式下可扩展至 900 秒）、B 门、遥控 B 门、X250。

（5）高清摄像：3 840×2 160 像素（4K 超高清）：30 p（逐行）、25 p、24 p；1 920×1 080 像素：60 p、50 p、30 p、25 p、24 p；1 280×720 像素：60 p、50 p。

图 2-7　尼康 D6 全画幅顶级高端专业数字相机

（6）产品类型：高端单反相机。

（7）显示屏类型：3.2英寸触摸屏。

（8）闪光灯类型：外接。

（9）感光度：ISO 100至102 400。

（10）测光方式：矩阵测光、中央重点测光、点测光。

（11）快门类型：电子控制纵走式焦平面快门。

（12）自拍功能：2秒、5秒、10秒、20秒。

（13）无线性能：Wi-Fi，蓝牙。

（14）存储卡类型：SD/SDHC/SDXC卡。

（15）文件格式：NEF（RAW）、JPEG、MOV、MP4。

（16）曝光补偿：±5 EV（1/3 EV步长）。

（17）上市日期：2020年5月。

（18）参考价格：裸机42 000元左右。

2．佳能EOS-1D X Mark III全画幅顶级高端专业数字相机（图2-8）

（1）传感器尺寸：全画幅（35.9毫米×23.9毫米）。

（2）有效像素：约2 010万，最高分辨率5 472×3 648像素。

（3）连拍速度：使用取景器拍摄最高约16张/秒。

（4）快门速度：1/8 000至30秒。

（5）高清摄像：4 096×2 160像素；60 p高码率，4 K视频。

（6）产品类型：高端单反相机。

（7）显示屏类型：3.2英寸触摸屏。

（8）闪光灯类型：外接闪光灯（热靴）。

（9）感光度：ISO 100至102 400。

（10）测光方式：评价测光、局部测光、中央重点测光、点测光。

（11）快门类型：电子控制焦平面快门。

（12）自拍功能：2秒、10秒。

（13）防护功能：支持GPS功能；具有除尘功能（自动、手动）。

（14）存储卡类型：SD/SDHC/SDXC卡。

（15）文件格式：JPEG、HEIF、RAW、MP4。

（16）曝光补偿：±3 EV（1/3 EV或1/2 EV步长）。

（17）上市日期：2020年2月。

（18）参考价格：裸机43 000元左右。

图 2-8　佳能 EOS-1D X Mark III 全画幅顶级高端专业数字相机

第二节　数字相机镜头的科学选配

数字时代让摄影变得更加有趣。摄影者为追求更高的照片品质，在经济允许的情况下，可以为相机选配相应的专业镜头，诸如定焦镜头、变焦镜头、鱼眼镜头、标准镜头、广角镜头、长焦镜头（含折返镜头）、微距镜头、移轴镜头、摇摆镜头等。现主要以佳能和尼康相机常用的镜头为例，对相关镜头及配置做简要介绍，供大家选购时参考。

一、佳能相机选配镜头参考

（1）佳能 EF 24-70 毫米 f/2.8L II USM 镜头：该款镜头采用了 13 组 18 片镜片的镜头结构，其中包含一枚超级 UD 镜片和 2 枚 UD 镜片。与此同时，镜头的前组镜片还采用了防污氟镀膜工艺，可以不用为其购置额外防护滤镜。采用 82 毫米的前组镜片，有助于提高通光量，带来画质的进一步提升。F2.8 光圈的光圈叶片数升级到了 9 片圆形光圈。采用 2 片非球面镜片，以及超低色散镜片和优化的镜头镀膜，在全焦距范围内均可达到极高的成像质量、更快的自动对焦速度，并具有良好的防尘、防潮性能，这款镜头可作为佳能相机配置的顶级标准变焦镜头（图 2-9）。参考价格约 12 000 元。

图 2-9　佳能 EF 24-70 毫米 f/2.8L II USM 镜头

(2) 佳能 EF 70-200 毫米 f/2.8L IS II USM 镜头:该款镜头是一支轻携型的中长焦变焦镜头,本身采用了防尘防潮构造。镜头直径 88.8 毫米,镜头长度 199 毫米,镜头重量 1 490 克,光圈叶片数 8 片(圆形光圈),全画幅 34-12 度,其光学结构是 19 组 23 枚镜片。镜头采用 5 片 UD(超低色散)镜片和 1 片萤石镜片,对色像差进行了良好的补偿。它的最近对焦距离是 1.2 米,采用环形超声波马达驱动镜头的自动对焦,宁静而迅速,同时具有全自动、手动对焦功能。佳能 IS 光学影像稳定器可以获得相当于最多提高 4 挡快门速度的防抖动效果 (光学防抖 4 级),变焦方式为伸缩式镜头(内对焦),更完善的密封效果提高了防尘及防潮的性能。镜头的光学部分均使用环保的无铅玻璃材料。这款镜头是专业摄影师和摄影发烧友常用远摄变焦镜头的人气款——EF 70-200 毫米 f/2.8L IS USM 的进化版,是以明亮的大光圈为一大魅力的大口径远摄变焦镜头,在体育摄影、人像摄影、风光摄影等各个领域均有广泛应用(图 2-10)。参考价格约 11 300 元。

图 2-10　佳能 EF 70-200 毫米 f/2.8L IS II USM 镜头

（3）佳能 EF 8－15 毫米 f/4L USM 鱼眼镜头：该镜头具备多重特性，全画幅机身上 8 毫米焦段成像会形成暗角，而 15 毫米时则可以将 CMOS 全面覆盖。该镜头光学结构为 11 组 14 片，包括采用两片 UD 超色散镜片及一片非球面镜。最大光圈为 f/4。对焦配备 USM 超声波马达，支持全程手动对焦。可以提供最多 180 度的视角，最短对焦距离仅 0.15 米，可以展现出极度夸张的前大后小的视觉效果。为了防止眩光及镜片凸出易沾污的问题，镜片采用了 SWC 镀膜处理技术，将眩光减至最低。此外，镜片也使用了氟素镀膜去帮助防尘防污，使其容易清洁（图 2-11）。参考价格约 8 700 元。

图 2-11　佳能 EF 8-15 毫米
f/4L USM 鱼眼镜头

（4）佳能 EF 100-400 毫米 f/4.5-5.6L IS II USM 镜头：该款镜头是一支配有影像稳定器的远摄变焦全画幅镜头，采用萤石和超级超低色散（超级 UD）镜片，佳能 EF 卡口，镜头结构为 16 组 21 片，最小光圈 F32-38，镜头重量 1 570 克（仅镜头）。浮动系统确保在整个对焦范围内都有很高的成像质量，最近对焦距离 0.98 米。镜头直径 94 毫米，镜头长度 193 毫米。此镜头的影像稳定器有两种模式，并可与 EF 1.4X II 增倍镜和 EF 2X II 增倍镜兼容。这支镜头提供了众多先进的功能和极高的特性，其中包括双重模式影像稳定系统。新开发的光学系统达到了 L 镜头一贯的高画质，作为大变焦比的镜头也可以满足恶劣环境的要求，并由萤石和超级 UD 玻璃透镜光学系统和多组移动变焦方式带来超级画质（图 2-12）。参考价格约 16 000 元。

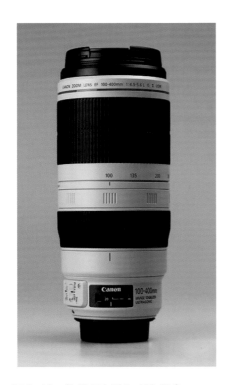

图 2-12　佳能 EF 100-400 毫米
f/4.5-5.6L IS II USM 镜头

（5）佳能 EF-S 18-200 毫米 f/3.5-5.6 IS 镜头:该款镜头属于 APS 画幅镜头,镜头结构为 12 组 16 片,镜头卡口为佳能 EF-S 卡口,最大光圈 f/3.5,最小光圈 f/22-f/38,变焦方式为伸缩式镜头,镜头直径 78.6 毫米,镜头长度 102 毫米,镜头重量 595 克。产品主要特点:涵盖广角到长焦的 11 倍超大变焦比镜头;带 IS 防抖功能,效果相当于提高约 4 挡快门速度;采用两片 UD 超低色散镜片和两片非球面镜片,带来出色画质、优化的镜头镀膜及镜片位置,可有效抑制"鬼影"和眩光;全焦距范围内最近对焦距离 0.45 米;采用圆形光圈,具有出色的背景虚化效果;高速CPU 和优化的对焦算法,带来高速自动对焦;配备镜头变焦环锁定装置;方便携带(图 2-13)。参考价格约 3 700 元。

图 2-13　佳能 EF-S 18-200 毫米 f/3.5-5.6 IS 镜头

（6）佳能 EF 85 毫米 f/1.2 L II USM(大眼睛)镜头:该款镜头属于全画幅镜头,最近对焦距离 0.95 米,镜头结构 7 组 8 片,镜头卡口为佳能 EF 卡口,最大光圈 f/1.2,最小光圈 f/16。镜头直径 91.5 毫米,镜头长度 84 毫米,镜头重量 1 025 克。产品主要特点:出色的中远摄定焦人像镜头,非常适合婚纱、人像拍摄,最大光圈达到同级最大的 f/1.2。采用了 1 片大口径精确研磨非球面镜片,即便是在最大光圈下,依然保持出色的反差和解析力;优化的镜片镀膜可有效抑制"鬼影"和眩光;环形超声波马达、高速 CPU 和改进的对焦算法,共同带来更快速准确的自动对焦;采用圆形光圈设计,背景虚化更完美;可全时手动对焦并提供距离信息(图 2-14)。参考价格约14 500 元。

图 2-14　佳能 EF 85 毫米 f/1.2 L II USM(大眼睛)镜头

　　（7）佳能 EF 600 毫米 f/4L IS II USM 镜头：该镜头是一款专业摄影师在进行体育报道或野生动物摄影时可以发挥作用的 L 级大光圈超远摄定焦镜头。镜头的主要部位大多采用了镁合金，某些部分还采用了钛金属，实现了轻量化，重量约 3 920 克，比上一代镜头 EF 600 毫米 f/4L IS USM 减轻了约 1 440 克，实现了大幅轻量化。光学元件采用了新设计，使用了 2 片具有强大色像差补偿能力的萤石镜片，拥有很高的分辨力和对比度。另外，还通过优化镜片配置和镀膜，减少了"鬼影"和眩光的产生。其中，在第 12 片镜片上采用了 SWC 亚波长结构镀膜，对于因光源进入画面而容易产生的"鬼影"现象有较强的抑制作用。光圈采用了 9 片叶片的结构，可以带来相当美丽的虚化效果。手抖动补偿机构 IS 影像稳定器通过低摩擦结构和新算法的采用，实现了最大相当于约 4 级快门速度的手抖动补偿效果。手抖动补偿模式有 3 种，除一般手抖动补偿所采用的"模式 1"、追随拍摄时在追随方向上不进行补偿的"模式 2"，另外还增加了只在相机曝光时进行补偿的"模式 3"。搭载了电动对焦的 PF 模式，使短片拍摄时能靠电力平滑移动合焦位置，且有两级速度可供选择。镜头最前端和最后端的镜片均采用了防油防水性高的防污氟镀膜，不仅能减少污迹附着，拭去吸附在镜片上的污迹也很轻松（图 2-15）。参考价格约 69 800 元。

图 2-15　佳能 EF 600 毫米 f/4L IS II USM 镜头

　　（8）佳能 EF 800 毫米 f/5.6L IS USM 镜头：这是一款超长焦远摄定焦镜头，能够满足专业摄影师在户外体育摄影、野生动物摄影等领域对具有更长焦距的高性能定焦镜头的需求。配备了先进的 IS 光学影像稳定器，实现了相当于提高约 4 挡快门速度的防抖动效果；圆形光圈具有动人的背景虚化效果；在镜片中使用昂贵的萤石和 UD 超低色散镜片，出色地矫正了畸变和色差；优化的镜片镀膜设计和镜片排列位置，确保将拍摄画面的眩光和鬼影降低到最低程度；镜头具有良好的密封性，防水滴、防尘性能出色；镜头主要部件采用镁合金材料，轻量而坚固。在外形设计上，充分考虑到了体积的减小，以提高便携性。该镜头画幅为 135 毫米全画幅镜头，镜头结构 14 组 18 片，最近对焦距离 6 米，镜头直径 163 毫米，镜头长度 461 毫米，镜头重量 4 500 克（图 2-16）。参考价格约 90 000 元。

图 2-16　佳能 EF 800 毫米 f/5.6L IS USM 镜头

二、尼康相机选配镜头参考

（1）尼康 AF-S 尼克尔 24-70 毫米/2.8G ED 镜头：作为一款标准变焦镜头，24-70 毫米是摄影最常用到的焦段，24 毫米可兼顾人文纪实和风光，70 毫米的背景虚化可用于人像摄影。这支镜头的滤镜口径为 77 毫米，最短摄影距离在 35-50 毫米位置时为 38 厘米，最大摄影倍率1∶3.7，光圈采用 9 枚圆形叶片，尺寸为 83 毫米×113 毫米（直径×全长），重量为 900 克。该款镜头是 2.9 倍变焦镜头，具有极佳的通用性，从近距离的肖像拍摄到宽阔的场景拍摄都可据此进行调整。锐度、对比度和色彩的表现等方面较为出色，最近对焦距离 0.38 米。尼康独有的高性能变焦镜头系统，具有f/2.8 的大光圈值，镜头结构为 11 组 15 片（包含 3 个 ED 镜片、3 个非球面镜片和 1 个纳米结晶涂层），ED（超低色散）镜片有助于最大限度地减少色差，提高影像的清晰度和对比度。此外，纳米结晶涂层有助于消除内部镜头元件的反射，有效降低重影和光晕。尼康高性能超级镀膜能产生优越的色彩再现效果。尼康特有的宁静波动马达，可使自动对焦既快速又安静。即使在AF 伺服操作下，M/A 模式也允许直接从自动对焦转换到手动对焦，而且几乎没有时滞。专用花瓣形镜头遮光罩可有效降低散射光。按照尼康专业 D-SLR 标准设计，可有效防尘和防潮（图 2-17）。参考价格约 9 500 元。

图 2-17　尼康 AF-S 尼克尔 24-70 毫米/2.8G ED 镜头

（2）尼康 AF-S 尼克尔 70-200 毫米 f/2.8G ED VR II 镜头：这是尼康的一款中长焦镜头，镜头的直径为 87 毫米，镜头长度 205.5 毫米，重量约为 1 530 克，具有 f/2.8 大光圈的变焦镜头，是尼康镜头中普及率较高的一款镜头。镜头为 16 组 21 片设计，配备了 SWM 驱动马达以及 VR 光学防抖系统，后者在降低 3 挡快门速度时仍能获得锐利影像。该镜头最近对焦距离为 1.4 米，对角线视角为 34 度 20 分-12 度 20 分，最大放大倍率为 0.12 倍，适合拍摄一些远处的景物，并能够得到锐利的图像，是专业摄影师经常使用的一款镜头。该款高性能变焦镜头属于成像极为锐利的镜头，采用了对焦环、变焦环双环设计，能够带来非常好的手感。使用 3 片 ED 镜片，使用开放光圈能够拍摄出高解像力、锐利的照片。多层镀膜技术可以抑制晕光等，确保色彩平衡。采用旋转式变焦，同时附设 M/A 自动切换装置和三脚架支座。因为对焦时镜筒前端不

图 2-18　尼康 AF-S 尼克尔 70-200 毫米 f/2.8G ED VR II 镜头

转动，所以在使用偏振镜时非常方便（图 2-18）。参考价格约 11 500 元。

（3）尼康 AF-S 尼克尔 14-24 毫米 f/2.8G ED 镜头：该镜头作为一款顶级广角变焦镜头，具备优良的成像解析力，具有 14 毫米的超广角 f/2.8 的大光圈，该镜头采用了 2 枚 ED 镜片，3 枚非球面镜，镜头的直径为 98 毫米，镜头长度 131.5 毫米，重量约为 1 000 克。配合尼康顶级全画幅机型，尼康 14-24 毫米 f/2.8G 实现了真正的超广角，它也是尼康镜头中普及率较高的一款镜头。该镜头为11 组 14 片设计，最近对焦距离为 0.28 米，对角线视角为 114-84 度，最大放大倍率为 1/6.7 倍，适合拍摄一些广袤的风景，并能够得到锐利的图像（图 2-19）。参考价格约9 100 元。

图 2-19　尼康 AF-S 尼克尔 14-24 毫米 f/2.8G ED 镜头

（4）尼康 AF-S 尼克尔 80-400 毫米 f/4.5-5.6G ED VR 超远摄变焦镜头：该款超级远摄变焦镜头是一支具有创新性的新型尼康高倍数变焦镜头，此镜头所配备的减震（VR）系统，能够减轻因相机震荡而造成的影像模糊。因此，也可手持超级远摄变焦镜头进行拍摄。该款镜头增加

了纳米结晶涂层 N 膜，光学素质提升；二代减震 VR，相当于 4 挡快门速度。拥有 5 倍变焦远摄镜头，提供了出色的清晰度和速度，适合拍摄风景、野生鸟类和体育赛事（图2-20）。参考价格约 13 500 元。

图2-20　尼康 AF-S 尼克尔 80-400 毫米 f/4.5-5.6G ED VR 超远摄变焦镜头

图 2-21　尼康 AF-S 鱼眼尼克尔 8-15 毫米
f/3.5-4.5E ED 镜头

（5）尼康 AF-S 鱼眼尼克尔 8-15 毫米 f/3.5-4.5E ED 镜头：这是尼康的一款全画幅的圆形鱼眼镜头，最近对焦距离 0.16 米。镜头结构为 13 组 15 片（包含 3 片 ED 镜片、2 片非球面镜头，Nano 纳米结晶镀膜和氟镀膜）。最大光圈 F3.5-4.5，最小光圈 F22-29。镜头直径 77.5 毫米，镜头长度 83 毫米，镜头重量 485 克。视角范围：尼康 FX 格式数码单镜反光照相机约 180°-175°，尼康 DX 格式数码单镜反光照相机约 180°-110°（图 2-21）。参考价格约 8 200 元。

（6）尼康 AF-S 尼克尔 85 毫米 f/1.4G 镜头：这是尼康镜头中一款优质的快速、中远摄定焦镜头，配备 f/1.4 超大光圈，能呈现美丽的虚化效果，成像性能优异，最近对焦距离 0.85 米，最大光圈 f/1.4，最小光圈 f/16，镜头画幅为 135 毫米全画幅镜头，该镜头为 9 组 10 片设计，配备了 SWM 驱动马达。在大光圈下，此款镜头有着非常惊人的素质（图 2-22）。参考价格约 9 500 元。

图 2-22　尼康 AF-S 尼克尔 85 毫米 f/1.4G 镜头

（7）尼康 AF-S 500 毫米 f/4G ED VR 镜头：镜头定位为 APS 画幅的超长焦距定焦镜头，镜头结构为 11 组 14 片，尼康 F 卡口，滤镜尺寸 52 毫米。最大光圈 F4.0，最小光圈 F22，圈叶片数 9 片，焦距范围 500 毫米，等效焦距 750 毫米，最近对焦距离 4 米，视角范围 3 度 10 分。镜头直径 139.5 毫米，镜头长度 391 毫米，镜头重量约 3 880 克。适合拍摄一些远处的景物，并能够得到锐利的图像，是专业摄影师经常使用的一款镜头（图 2-23）。参考价格约 60 500 元。

图 2-23　尼康 AF-S 500 毫米 f/4G ED VR 镜头

（8）尼康 AF-S 尼克尔 800 毫米 f/5.6E FL ED VR 镜头：这款超远摄尼克尔镜头，拥有尼克尔自动对焦（AF）镜头最长的焦距，非常适合拍摄体育赛事和野生动物。此镜头结合萤石和 ED 镜片以减少色差，减震（VR）功能消除图像模糊。使用专用的 1.25 倍增距镜，焦距延长至 1 000 毫米。焦距为 800 毫米（AF 尼克尔镜头中的最长焦距）。为了提高在使用增距镜时连拍期间自动曝光控制的稳定性，采用了电磁光圈机制。减震功能提供的效果相当于 4 挡或更快的快门速度（图 2-24）。参考价格约 104 000 元。

图 2-24　尼康 AF-S 尼克尔 800 毫米 f/5.6E FL ED VR 镜头

第三节　数字相机及镜头参数的设置

数字相机及镜头相关参数的正确设定,有助于更好地呈现影像效果,设定内容主要涉及感光度、白平衡、光圈、快门、图片格式、色温、对焦模式、驱动模式、曝光补偿、拍摄模式等方面。

一、感光度的设置

感光度是数字相机控制其感光元件对光线敏感程度的一种比较参数,用 ISO 数字表示。感光度从低到高各档次依次为 ISO 50、ISO 100、ISO 200、ISO 400、ISO 800、ISO 1600、ISO 3200、ISO 6400、ISO 12800、ISO 25600。其性能口诀是:感光度(ISO)越高,感光元件对光线越敏感,所拍出来的图片就越明亮,噪点也就越多;感光度(ISO)越低,感光元件对光线越不敏感,所拍出来的图片就越暗,噪点也就越少。一般来说,感光度越低越好,这样有助于呈现出最佳的画质。但是在使用高速快门拍摄高速运动物体时,或是在夜间或室内等弱光环境下,要想将动体拍摄清晰并获得准确曝光时,通常就要调高感光度。此外,在使用长焦镜头或在弱光环境下手持拍摄时,往往也需要提高感光度以利于提高快门速度,从而确保画面清晰度。一般情况下,感光度应该根据天气或光线的条件进行设定。

二、白平衡的设置

白平衡的英文名称为 White Balance(用 WB 来表示),指在任何光源环境下,都能将白色的物体还原为白色。白平衡的正确设置,关系到色彩的正常还原与色调的运用,可以说白平衡就是色温的管理器。如果拍出的图片偏色,那就说明白平衡的设置存在问题。根据现场光线的色温,相机白平衡设置时选择与其相对应的色温模式,就会使被摄物象获得比较准确的色彩还原。拍摄创作过程中,应该根据创作需要的画面色调效果去调整相应的白平衡模式。数字相机的常用白平衡模式如下:

(1)自动模式:自动白平衡模式,其色温范围大致在3 000—8 000 K之间。

(2)钨丝灯模式:钨丝灯光线的色温在3 000 K左右,其钨丝灯模式的色温是8 000 K。

(3)荧光灯模式:荧光灯光线的色温在4 200 K左右,其荧光灯模式的色温是6 800 K。

(4)日光模式(标准模式):日光的色温在5 500 K左右,其日光模式的色温是5 500 K。

(5)闪光灯模式:闪光灯光线的色温在5 600 K左右,其闪光灯模式的色温是5 400 K。

(6)阴天模式:阴天光线的色温在6 000 K左右,其阴天模式的色温是5 000 K。

(7)阴影模式:阴影光线的色温在7 500 K左右,其阴影模式的色温是3 500 K。

(8)K值调整模式:通常从2 500—10 000 K进行数字调整。数字越高得到的色温效果越低,画面色调越暖;反之,数字越低得到的色温效果越高,画面色调越冷。K值的调整是对应光线的色温值来调整的,光线色温多少就调整K值多少,这样才能得到色彩正常还原的图片。

(9)自定义模式:可根据现场光线的色温,自行拟定一个能使色彩得到正常还原的色温模式。不同环境的色温值呈现出不同的画面效果,所表达出的氛围效果也不一样。当色温<3 300 K时,场景的颜色表现出偏红的效果,属于暖色调,具有温暖、欢快的氛围效果;当色温在3 300—5 000 K时,属于中间色调(白),具有爽快、明朗的氛围效果;当色温>5 000 K时,场景的颜色表现出偏蓝的效果,属于冷色调,具有安静、稳重的氛围效果。

白平衡是控制拍摄画面色彩的常用参数之一,白平衡数值和环境色温值刚好相反。环境色温,是指黑体在不同温度下的颜色变化,一般随着温度升高,色彩由红变黄,再变白变蓝。白平衡,是为了还原环境中的真实色彩,需要中和因温度带来的色彩变化,达到白色的平衡。所以,白平衡调整带来的色彩变化与环境色温的色彩变化刚好相反。将相机白平衡的数值调高,会获得暖黄色的效果氛围,用以表现暖调人像、日出日落、夜景灯光等。将相机白平衡的数值调低,会获得冷蓝色的效果氛围,用以拍摄夜空、雪景、水景等。

三、光圈的设置

光圈的作用是控制相机镜头上孔径的大小,一般来说,光圈口径越大,单位时间进光量就越大。用f值表示光圈的大小,镜头的光圈f值=镜头的焦距/镜头的光圈直径。常规的光圈级数依次为f/1.4、f/2.8、f/4、f/5.6、f/8、f/11、f/16、f/22、f/32。一般来说,光圈值f/1.2—f/4称为大口径光圈,f/4—f/8称为中等口径光圈,f/8—f/32称为小口径光圈。其性能口诀是:光圈口径越大,景深范围越小;光圈口径越小,景深范围越大。镜头焦距越长,景深范围越小;镜头焦距越短,景深范围越大。离拍摄主体越近,景深范围越小;离拍摄主体越远,景深范围越大。光圈的数值越大,光圈口径就越小,呈现的景深范围越大。使用大口径光圈可以达到虚化背景的效果,使用小口径光圈可以扩大景深范围,提高纵深效果。通常在需要虚化背景、突出主体,或在弱光、夜间环境下,使用高速快门"凝固"动体的动作时,需使用大口径光圈。而在风光摄影中,为表现出风光全貌,确保画面的清晰锐利,通常会使用小口径光圈拍摄。此外,在夜景拍摄中,为了体现光影效果(如"光轨"),一般使用小口径光圈与长时间曝光结合进行拍摄。在拍摄溪流与瀑布时,为使之呈现出流水"丝绸"般的质感,也会使用小口径光圈并运用慢速度快门来拍摄。通常情况下,会使用中等光圈设置(镜头通常都在中等光圈的时候最清晰,在最大口径光圈和最小口径光圈时清晰度会差一些)。

四、快门的设置

快门设置是指设置快门保持开启状态的时间,即快门从开启到关闭的时间,单位为秒。快门速度越快,感光元件在单位时间接收的光线就越少,反之就越多。数字相机快门速度由慢到快各档分别是 30 秒、15 秒、8 秒、4 秒、2 秒、1 秒、1/2 秒、1/4 秒、1/8 秒、1/15 秒、1/30 秒、1/60 秒、1/120 秒、1/250 秒、1/500 秒、1/1 000 秒、1/2 000 秒、1/4 000 秒、1/8 000 秒。

为了能清晰地记录快速运动中的物体,将某一个精彩瞬间定格,可使用 1/250 秒以上的高速快门。如用 1/1 000 秒—1/8 000 秒的快门速度,可拍摄行驶的汽车乃至高速飞行的子弹等动体。而拍摄瀑布、溪水时,为拍出"丝绸"一样的质感,可使用小口径光圈低速度快门拍摄。此外,追踪运动中的物体,如拍摄烟火、夜间行驶的汽车以及星轨等,若想拍摄出背景模糊、主体清晰的图片,也可采用低速度快门拍摄。建议使用三脚架,以确保相机稳定。

五、图片格式的设置

虽然图片格式有很多种, 但最常用的是三种格式:RAW、TIF (包括引申出的 PNG)、JPG (JPEG)。图片文件的记录格式大体分为三类:原始无压缩格式、无损压缩格式、有损压缩格式。

RAW 格式,是一种高品质图像的文件格式,是一种原始的无压缩格式,即将文件按原样保存,不做任何压缩改变。目前几乎所有单反或微单(无反)数字相机都支持使用 RAW 格式拍摄照片, 在专业后期软件中,可以任意调整 RAW 文件的色温和白平衡等参数,并进行创造性的后期制作,不会造成图像质量的损失,同时不会对 RAW 格式有任何破坏性处理。RAW 格式只会记录光圈、快门、焦距、ISO 等数据,为图像保存了完整的数据。专业摄影师存储文件都会使用 RAW 格式。从存储空间说,RAW 比 JPG 大了不少,不过各家厂商有自己的 RAW 算法来控制文件大小,比如佳能使用 CR2 格式,尼康使用 NEF 格式,都比DNG 格式的 RAW 文件要小。在色彩管理流程中,除了 ISO、快门、光圈、焦距之外,其他设定对RAW 文件不起作用,色彩空间、锐化、白平衡、色相、饱和度、色纯度、降噪程度等所有操作将在软件中控制调整,这就是RAW 格式真正的强大之处,将影像品质完全掌控在摄影师手中。

TIF 格式是一种无损压缩格式,占用的存储空间较大。其主要特点是:保存高分辨率照片不失真,支持 256 色及24 位、32 位、48 位等多种色彩位深度,可以在多种图像格式之间进行转换,适于印刷业和打印大幅面照片。起初,TIF 是为扫描图像而开发的,其特点是能保持极高的画质。

JPG 格式,是一个可以提供优异图像质量的文件压缩格式,属于有损压缩格式,它可有效节省存储卡的空间,提高数字影像存储和连续拍摄的速度,广泛用于新闻摄影。对于大多数人和普通摄影爱好者来说,低压缩率(高质量)的 JPG 文件是一个不错的选择。但 JPG 文件在压缩过程中丢掉的原始图像的部分数据是无法恢复的,通常压缩比率在 10∶1 至 40∶1 之间,色彩压缩会导致画质损失。

此外,PSD 格式是唯一支持全部颜色模式的图像格式,它可以存储 Photoshop 所有的图层、通道、参考线、注释和颜色模式等信息,由于保存的信息较多,因此该文件格式较大。

六、色温的设置

色温是指包含光源、光谱成分的颜色计量单位,用 K 表示,是物理学家开尔文(Kelvin)的英文缩写。当光线的颜色偏红、橙、黄色时,称为低色温;当光线的颜色偏青、蓝或蓝紫色时,称为高色温;当光线的颜色是白色时,称为正常色温。任何一种色彩只有在白色的光线照射下才能得到自身的正常颜色。

当光线的颜色偏红橙色时,色温值通常在 2 500－3 200 K;当光线的颜色偏橙黄色时,色温值通常在 3 200－4 500 K;当光线的颜色偏黄色时,色温值通常在 4 500－5 400 K;当光线的颜色是白色时,即正常色温,其色温值通常在 5 400－5 600 K;当光线的颜色偏青色时,色温值通常在 5 600－6 500 K;当光线的颜色偏蓝色时,色温值通常在 6 500－7 500 K;当光线的颜色偏蓝紫色时,色温值通常在 7 500 K 以上。当色温值在 5 500 K 时,光线发出的颜色与正午的阳光颜色基本相同,被称为标准色温值。拍摄前,可对数字相机设置各种预置色温值,如日光、阴天、阴影、荧光灯、白炽灯、闪光灯等。

七、对焦模式的设置

单反相机常用的基本对焦模式有三种:单次对焦模式(AF-S)、连续对焦模式(AF-C)、自动对焦模式(AF-A)。

对焦方式有两种:手动对焦和自动对焦。

手动对焦(MF),是通过手工转动对焦环来调节相机镜头,从而使拍摄出来的照片清晰的一种对焦方式。很多数字相机都有多点对焦或者区域对焦功能。拍摄夜景时常会用到手动对焦,因为在取景时光线很暗,运动的物体难以让自动对焦系统很好地发挥作用,此时使用手动对焦更容易选择想要突出的区域。弱光环境下拍摄,建议使用三脚架,确保精确对焦,从而有效提高画面的清晰度。

自动对焦(AF)，通常根据镜头的实际成像判断是否正确结焦，故称为 TTL 自动对焦。常用的自动对焦模式分为三类，分别是单次、连续、智能模式。

单次自动对焦，佳能将此模式称为 ONE SHOT，而尼康则称作 AF-S。在此模式下，用户选定拍摄主体并半按快门，合焦后对焦点即被锁定，即使改变构图焦点位置依旧不变，直到下一次半按快门才会重新对焦。在拍摄静止不动的主体时（如风光、静态人像、静物特写等），单次自动对焦是最佳选择，能够保证对焦精度，同时方便对焦主体进行选取。

连续自动对焦，其对应的是佳能的 AI SERVO 模式及尼康的 AF-C 模式。在该模式下，半按快门之后相机的对焦系统将一直保持工作，相机不会发出合焦提示，此时无论改变构图或是变焦，相机都会依据焦点位置重新对焦。连续自动对焦适合用来追踪拍摄运动中的物体。

智能自动对焦，该模式将单次对焦与连续对焦结合起来，半按快门后能够锁定焦点处的主体进行单次对焦，而主体运动时也可切换到连续自动对焦进行追踪拍摄，适合拍摄运动方式较为随机的物体。此模式在佳能相机上被称为 AI FOCUS，尼康将其称作 AF-A，通常将该模式与高速连拍功能搭配使用，更容易抓拍到主体运动的最佳瞬间。

八、驱动模式的设置

相机的驱动模式主要有三种：单拍、连拍和延时自拍。

拍摄大多数场景，通常选择单拍模式。单拍模式下，按下快门只会拍摄一张照片，在拍摄静物、常规人像、风光等绝大多数场景时，常用单拍模式。

连拍模式，按下快门后会连续拍摄多张照片，1 秒钟的最高连拍张数也是相机的一个性能指标。当抓拍运动主体时，一般需要设置连拍模式，以有效抓取精彩的瞬间，提高拍摄成功率。

延时自拍模式通常有"自拍：2 秒/遥控"和"自拍：10 秒/遥控"两种模式，即按下快门，2 秒或 10 秒后相机会自动拍摄，既可利用相机自拍，也可利用三脚架固定相机，以提高稳定性。

九、曝光补偿的设置

曝光补偿设置通过曝光补偿按钮结合 LCD 显示屏菜单来进行。恰当地使用曝光补偿是控制曝光的另一种有效途径。通过运用曝光补偿，不仅能使拍摄的照片在色彩和明暗程度上再现被摄景物，而且还可以按照拍摄者的主观愿望，达到某种特殊的创作效果。

曝光补偿的方法很多，一般有闪光灯、摄影灯、反光板的外源光线补偿或是调整光圈值，以及曝光时间的光通量参数补偿。这几种补偿的方法，从严格意义上来讲属于"光线补偿或曝光控制"。对于目前大多数摄影者来讲，最常用到的手法是进行曝光补偿的 EV 值调整，以达到曝光补偿的目的。在拍摄过曝场景时（物体亮部的区域较多，如逆光、强光下的水面、雪景、日出日落等），通常使用 EV+（正补偿）；在拍摄曝光不足的场景时（物体暗部的区域较多，如密林、阴影中物体、黑色物体的特写等),通常使用 EV−(负补偿)。拍摄中遇到比中性灰度更亮的景物,像明亮的沙滩或白雪覆盖的风景时,通常需要增加一级光圈或者使用曝光补偿;拍摄比中性灰度更暗的景物,如深度阴影、黑色植物时,则需减少一级曝光或者使用曝光补偿。

十、拍摄模式的设置

相机的模式转盘上,通常有全自动、程序自动、光圈/快门优先、手动、B 门等拍摄模式,以及自定义拍摄模式。

1.手动曝光模式(M)

该模式下,需手动选择快门速度和光圈值,这也是最麻烦的曝光控制手段,摄影师必须手动选择光圈和快门速度这两个重要参数,并且要保证所选择的参数与拍摄场景的亮度相符。手动模式下,选对参数最为重要,快门速度影响成像效果与清晰度,光圈值的大小影响景深范围。手动曝光模式赋予拍摄者更多的自主选择权,尤其是在一些特殊的拍摄场景中,能够有助于将曝光的准确性发挥到极致,它对摄影者提出了更加苛刻的专业要求。

2.光圈优先自动曝光模式(A)

这是相机的半自动曝光模式,在光圈优先模式下,摄影师通过优先设置相机的光圈大小(即调节光圈值),相机就能够自动选择合适的快门速度。该模式通过限制景深范围,有助于拍摄出主体清晰、背景虚化的照片。光圈优先自动曝光模式的缩写是A(Aperture priority)或Av(Aperture value)。

3.快门优先自动曝光模式(S)

在快门速度优先模式下,摄影师只需调节快门速度,相机就可以自动设置符合当前光线条件的光圈值。摄影师可运用慢速度快门营造速度感或者利用高速快门瞬间定格快速运动的场景。快门优先自动曝光模式对应的缩写是 S(Shutter priority)或 Tv(Time value)。

4.程序自动曝光模式(P)

该模式下,相机将自动选择光圈和快门速度这两个参数,这种自动曝光模式是针对选择的不同场景,设置与主题相符的曝光参数。在这种模式下,相机会接管一些控制权限,比如自动设置较高的 ISO 感光度(这会增加画面上的噪点),选择一个较慢的快门速度(可能抖动与模糊),或者是在不需要的时候弹起内置闪光灯(造成前景过亮而背景曝光不足、一片漆黑的情况)。如果拍摄时间紧迫,如拍摄运动中的物体或新闻报道照片时,可用这种模式。但如果关注的是摄影构图,不建议使用该模式,因为它不能精确地控制相机的每一个参数。

5.自定义拍摄模式

该模式可在拍摄时预存拍摄参数,方便下次拍摄。当拍摄题材、拍摄环境变化不大时,快速找到之前预存的拍摄参数设置,可进行高效率的拍摄。佳能相机的自定义拍摄模式有三个(C1、C2、C3),尼康相机的自定义拍摄模式有两个(U1、U2)。使用佳能相机时,可将 C1 设置为影棚拍摄人像时的参数;经常外出拍摄风景时,可将 C2 设置为风光拍摄的参数;经常街拍时,可将 C3 设置为快门优先的高速快门参数;还可以设置拍摄星空、车辆的光轨、瀑布、体育赛事等拍摄参数,具体结合个人拍摄需要而定。

第四节　数字影棚灯具等器材的选择与配置

摄影是用光的艺术,不同的摄影门类有不同的用光技巧及使用工具。以人像摄影、汽车摄影等为例,主要是用灯光对人或物进行塑型,不同的灯能塑造出不同的光效。若要拍摄出理想的人或物等摄影作品,摄影师必须了解专业影棚及各种灯具的性能并能熟练使用,做到准确测光与曝光。专业影棚面积通常在 100—6 000 平方米,通常设置有黑棚(一般在 400—800 平方米,适合拍摄单台或多台汽车及各类大型装置)、蛋棚(一般在 200 平方米以上,配备专业电动转盘,可轻松实现汽车或大部分产品的 360 度拍摄,蛋棚的顶部及侧面墙壁均为白色弧形墙壁,可营造柔和的自然光效)、多功能摄影区(通常在 300 平方米左右,宽大的空间可用于拍摄各类商业广告、商业人像等)。

对于非常专业的数字摄影棚来说,可以考虑配备广告级的摄影器材与专业灯光系统,如 Profoto、broncolor、Brise Arri、Kino Flo 电影灯和闪光灯;Canon、PHASE、Nikon 等知名品牌相机,以及 GITZO、Manforroto、Combo 品牌专业脚架;还有重型手摇架、海罗兰、魔术腿、大摇臂、魔术手臂等专业辅件器材。

对于高等院校摄影教学以及高端影楼、影视广告公司的专业数字影棚,建议考虑配置设备,如相机系统:哈苏 907X 50C 中画幅数字相机机身+CFV II/CFV2 后背+镜头若干(如哈苏 XCD 21 毫米 f/4.0 镜头、哈苏 XCD 30 毫米 f/3.5 镜头、哈苏 XCD 45 毫米 f/3.5 镜头、哈苏 XCD 65 毫米 f/2.8 镜头、哈苏 XCD 80 毫米 f/1.9 镜头、哈苏 XCD 90 毫米 f/3.2 镜头、哈苏 XCD 120 毫米 f/3.5 镜头、哈苏 XCD 135 f/2.8 镜头+1.7 倍增距镜等)、佳能 5D Mark IV+镜头若干;灯光系统:光宝系列闪灯及配件;电脑系统:Mac Pro 24 寸一体电脑、MacBook Pro 17 寸笔记本电脑。

对于常规的数字人像影棚,至少需要考虑配置以下一些基本设备。

一、闪光灯的配置

影棚闪光灯作为一种摄影照明装置,近年来发展非常迅速,种类也越来越多。一般分为以下几种类型:独立式影室电子闪光灯、电源箱式影室电子闪光灯、便携式电子闪光灯、热靴式电子闪光灯。

电子闪光灯是一种瞬间发光的照明灯具,其瞬间发出的光线强度高、速度快,可以将动态的画面凝固,这类灯具的色温为 5 500~6 000 K,能够很好地表现人物皮肤质感,真实地还原色彩,其特性非常适合拍摄人像,所以受到专业摄影师的青睐。专业摄影师大多使用 2 000 W 以上的大功率闪光灯。

现以影楼最常用的独立式影室电子闪光灯为例做简要介绍:

独立式影室电子闪光灯在人像摄影中使用最为广泛,它具有回电速度快、色温较稳定、操作简单等特点。所发出的光均匀柔和,能很好地呈现出质感,对色彩还原较为真实。独立式影室电子闪光灯一般由造型泡、闪光管、灯头、电源线、灯架等部分组成。所有的控制钮都安装在灯头上,通常灯头上会有电源开关钮、造型泡、闪光管、调节钮、试闪钮、闪光连线孔等。

二、冷光源

冷光源主要是连续照明,是继石英灯、白炽灯、闪光灯及影室闪光灯之后的新型影室照明灯具。综合起来有如下特点:

(1) 色温选择范围宽,主光灯有 3 200 K、4 000 K、5 150 K、5 750 K 灯管可供选择,冷光源气体放电灯有 4 000~7 000 K 范围内的灯管可供选择,出厂以 5 600 K 为标准。配 575 W、1 000 W 冷光源专用灯泡及配套电源,即为冷光源灯具,色温 5 600 K。配 800 W 石英灯泡做石英灯使用时,色温 3 200 K。

(2) 连续式发光,便于清晰直观地调整光影造型效果。

(3) 高光效,在同等功率下亮度是石英灯的 4 倍,较低的电能消耗即可获得足够的亮度,使得环境温度可以被忽略,一般 2~3 kW 用电条件下都可使用。

(4) 与石英灯兼用同一灯具,扩展了应用范围。

(5) 实现了日光型色温的连续式照明,光源色温范围宽,可与各种色温要求的数字相机的白平衡相匹配。

三、数字影棚的附属设施与配件

现代影棚灯具附属配件品种繁多、规格齐全,适合各类摄影用光的要求。从大小不同的柔光箱到性能各异的灯罩、色片、反光板等应有尽有,为摄影棚用光提供了极大的便利。

1. 柔光箱

柔光箱的主要作用是用来柔化闪光灯强硬的光线性质,使之成为漫射光。此光对拍摄人像非常有利,特别是对人的肤色质感表现会有特殊的效果。光照面积大,且柔和细腻,是影棚灯具的配件之一。

2. 影室灯灯架

影室灯灯架作为影室灯的支撑,一般分为背景灯灯架(带有万向轮)和主灯架。

3.反光伞

反光伞同柔光箱的作用相似,也具有柔光的效果,但不同的是,闪光灯的光线方向不是对着被摄物,而是反向对着反光伞,通过伞窝的反光面将光反射到被摄主体上。它比柔光箱发出的光要集中,方向性要强。

4.标准罩、束光罩、挡板、色片

标准罩是随灯头自带的标准口径灯罩,作用是保证在通常的视觉范围角度内发出具有较强方向性的硬性光。束光罩的作用是将闪光管发出的光线收缩到很小的范围内,以较聚集的、方向性极强的光束射出。挡板的作用主要是用来挡住多余的光线,以控制光线照射面积,一般用在标准罩上。色片是用在标准罩上以改变闪光的颜色,有红、绿、黄、蓝等色。

5.闪光灯无线引闪触发器

触发器是连接相机与闪光灯的引闪装置,灵敏度高,在影棚任何地方均可引闪,感应引闪快捷方便。使用时感应接收器插在闪光灯上,引闪触发器安装在相机热靴上,按下快门的瞬间即可同时引闪闪光灯。

6.导轨

将活动的背景架和导轨固定在天花板上,这样便于灵活运用多个灯具。导轨具有伸缩性强的特点,便于相对自由地移动灯具。

7.电力系统

专业影棚的特点是需要使用许多大功率的设备,如空调、风机、大功率的闪光灯等,对于中型影棚,至少会使用功率每秒 1—1.5 kW 的闪光灯,所以,在闪光灯供电回路上需安装稳压器,以便延长闪光灯的使用寿命。一般在每秒 10 kW 的功率影棚中,应保证 80 A 的供电设计能力。

以上几种配件均为数字影楼及高校摄影棚教学实践所必备,除上述几种外,在市场上还有很多闪光灯附属配件,影楼摄影师、高校摄影教师可以根据拍摄需求灵活选择运用。

第五节　数字摄影室的常用附件

在摄影器材的准备中,除了准备相机机身、镜头、灯具外,还要准备一些器材,如测光表、三脚架、云台、背景机和背景等,这些都是营造良好拍摄环境、保证拍摄照片质量等的保障。

一、电子闪光灯

除了照相机和摄影镜头外,电子闪光灯已经成了广大数字相机用户的标准装备之一,与照相机机身及镜头一起成为不可分割的"三位一体"。除了摄影室灯光外,电子闪光灯是最主要的人造光源,它具有发光强烈、携带方便、寿命长等优点。电子闪光灯的灯管一般可闪光近万次,所以有人称之为"万次闪光灯"。更为重要的是,电子闪光灯的闪光色温与日光的近似,约5 600－7 500 K。

二、引闪器

引闪器主要搭配各类闪光灯使用。早期引闪闪光灯的工具为闪光同步线或光敏引闪器,因受引闪距离等限制,不便于实际拍摄。目前,基本使用无线引闪器,它分为红外线和射频两种类型,其中射频类无线引闪器是当前无线引闪器的主流,其主要特点是不受其他光线影响,能够在室内外自如使用,具有信号强度高、灵敏性强、稳定性好、遥控距离长、能够准确引闪多路闪光灯等优势。引闪器由发射器和接收器两个装置组成。引闪器通常是成对使用,发射器安装在相机热靴上,在相机热靴或通过闪光连线接入相机闪光接口,而接收器则使用闪光连线装在闪光灯引闪接口。使用引闪器,能够产生更好的效果,而且令照片中闪光跟环境光融合得更自然。射频类无线引闪器的超视距和跨空间信号能力,能够为复杂空间的布光提供技术保障,从而受到越来越多摄影师的喜爱。

三、色卡

图像色卡的主要用途有:协助快速完成枯燥无味的色彩测试工作,将可能出现的图像色差重现误差降到最低,快速检查和调整拍摄时的照明状态(包括影棚/影楼),完成更为精确的白平衡调节,实时快速完成灰度平衡,实现图像色彩的真实复制。图像色卡的种类很多,爱色丽的图像色卡(ColorChecker)系列,是目前在数码影像和印刷等行业中使用较广且效果较佳的标准色彩校准工具。目前影像行业所公认的常用标准色卡主要有:24 个色块的 DC 色卡、自定义白平衡卡、3 级灰度卡、140 个色块的数码 SG 色卡、迷你型色卡(套装)等。色卡的应用为摄影师提供了高效率的辅助工具,它有助于提供十分准确的颜色参考,从而让影像达到精准的色彩效果,这为摄影师提供了一套十分便捷的颜色管理设备。

四、遮 光 罩

遮光罩是最常用的摄影附件之一。遮光罩有金属、硬塑、软胶等多种材质。大多数135 镜头都配有遮光罩,不同镜头用的遮光罩型号是不同的。遮光罩对于可见光镜头来说是一个不可缺少的附件。其作用是抑制杂散光线进入镜头从而消除雾霭,提高成像的清晰度,提升色彩还原效果。遮光罩在逆光、侧光或闪光灯摄影时,能防止非成像光的进入;在顺光和侧光摄影时,可避免周围的散射光进入镜头;在灯光摄影或夜间摄影时,可以避免周围的干扰光进入镜头;防止对镜头的意外损伤,也可避免手指误触镜头表面,而且在某种程度上能为镜头遮挡风沙、雨雪等。

五、云台与快装板

云台是安装、固定照相机的支撑设备,它分为固定云台和电动云台两种。云台的主要目的是让承载在三脚架上的相机能够自如地俯仰和旋转。优质的云台具有灵活度高、稳定性强、减震性好等优点。快装板包括铰销、手柄、凸轮和压板。快装板便于方便快速地在三脚架云台上安装相机。

六、滤镜

滤镜具有过滤光线的作用,在摄影创作当中,滤镜起着"调味料"的作用。在黑白摄影中用滤镜可以改变景物的影调,使所拍的照片更接近于自然。而在彩色摄影中使用滤镜,可以改变被摄主体影像的图片颜色或起到特殊的视觉效果。按用途主要分为四类:滤色镜,对光谱中各种色光起调节作用;偏光镜,消除光线在物体表面所形成的闪耀反光;柔光镜,使光线柔化;特殊效果镜,主要有星光镜、多影镜、中灰镜、UV镜、柔光镜、偏振镜等。镜头防护滤镜、特效滤镜、彩色滤镜、防紫外线滤镜、天光镜滤镜、中灰渐变滤镜、中性灰度滤镜、偏振滤镜等各种各样的滤镜,通常会在摄影作品创作过程中使用到。

七、存储卡

存储卡是一种用于数码产品上的独立存储介质,多为卡片或者方块状。一般使用Flash(快闪存储器)芯片作为储存介质。存储卡具有体积小巧、携带方便、使用简单的优点。同时,大多数存储卡都具有良好的兼容性,便于在不同数码产品之间交换数据。近年来,随着数码产品的不断发展,存储卡的存储容量不断提升,应用也快速普及。目前主要的存储卡类型很多,主要有小型闪存卡(CF卡—Compact Flash)、智慧卡(SM卡—Smart Media)、记忆棒(MS卡—Memory Stick)、XD图像卡、多媒体卡(MMC卡—Multimedia Card)和安全数字卡(SD卡—Secure Digital)等。

八、反光板

在人像等摄影中,反光板是拍摄过程中较为重要的一种辅助工具。在表现暗部的细节时,用灯光直接照明显得太亮,容易破坏层次,这时就可以用反光板对暗部进行补光。反光板的规格大致可分为不可折叠式和可折叠式。不可折叠式反光板通常是由一种白色的密度较高的塑料泡沫制成。它的规格通常有0.8米×1.5米、1米×2米、1.5米×3米等。反射出的光线非常均匀、柔和,色温也很正常,反光率达90%左右,这是拍摄人像等较为理想的补光工具。因携带不便,一般只在影棚内使用。

可折叠式反光板通常由一种特殊的布料制成,外面加一个钢圈,两面通常是两种不同的颜色,一面是金色,一面是银色,这样便可以反射出两种不同色温的光,用金色的一面反射出的光线呈金黄色的暖调,用银色的一面反射出的光基本接近 5 500 K 的白光,给人的感觉比较冷,能很好地还原色彩,这种反光板非常适合在拍摄外景人像时使用。

在使用反光板进行补光时,要注意根据光源的位置和被摄影主体的高低做好相应的调整。

九、测光表

测光表基本可以分为反射光测光表和入射光测光表。反射光测光表对被摄对象的反射光线进行测量, 特点是可以测量被摄物局部某个点的反射光及不同质感的被摄体的反光强弱。

入射光测光表是直接测量照射到被摄对象上的光线。特点是测量照明光线的平均值与被摄体的反射光的强弱无关,属于平均测光。

双功能测光表是将反射光和入射光测光表功能融为一体的测光表。

十、独脚架与三脚架

独脚架相对于三脚架来说更加方便快捷,当拍摄场地比较窄小的时候可以利用上,它是使用长焦镜头或手持较重镜头时的一种辅助,通常搭配快转配件,可以在横竖构图之间进行转换。在户外、现场等拍摄环境中,独脚架深受时装摄影师和体育摄影师的青睐。

三脚架是必备的摄影辅助器材之一,它可以在某种情况下保证拍摄图片的清晰,同时也是长时间曝光的必备器材,理想的三脚架既要轻便又要稳固结实。云台和三脚架的相互组合,能够有效达到减少震动的目的,从而最大限度地提高成像质量与效果。

十一、背景机与背景

背景机是影棚所需的器材,一般为电动式,分为 6 轴、8 轴、12 轴等。背景机上的背景一般使用纸背景和布背景。布背景结实耐用,纸背景的拍摄效果较好但容易损坏。

十二、数字影像输入设备:扫描仪

扫描仪是利用光电技术和数字处理技术,以扫描方式将图形或图像信息转换为数字信号的装置。扫描仪通常被用于计算机外部仪器设备,通过捕获图像并将之转换成计算机可以显示、编辑、存储和输出的数字化输入设备。照片、照相底片、菲林软片等都可作为扫描对象。扫描仪属于计算机辅助设计(CAD)中的输入系统,通过计算机软件和计算机,输出设备(激光打印机、激光绘图机)接口,组成网印前计算机处理系统,适用于办公自动化(OA),广泛应用在摄影行业与印刷行业等。

十三、数字影像输出设备：打印机

打印机是计算机的输出设备之一，用于将计算机处理结果打印在相关介质上。衡量打印机好坏的指标有三项：打印分辨率、打印速度和噪声。打印机的种类很多，按打印元件对纸是否有击打动作，分为击打式打印机与非击打式打印机。按打印字符结构，分为全形字打印机和点阵字符打印机。按一行字在纸上形成的方式，分为串式打印机与行式打印机。按所采用的技术，分为柱形、球形、喷墨式、热敏式、激光式、静电式、磁式、发光二极管式等打印机。专业的照片打印机可以考虑佳能 Pro 9000 Mark II 彩色喷墨打印机、惠普 Photosmart Pro B9180 照片打印机、爱普生 Stylus Photo 1390 专业打印机、联想光墨 RJ600N 高速彩色打印机、爱普生 XP-15080 专业照片打印机等。

第六节　数字相机的维护与保养

对数字相机正确的维护和保养，有助于充分发挥其性能，最大限度地延长相机使用寿命。

（1）相机镜头的科学防护与清洁。相机镜头性能的优劣影响到成像质量。因此，在日常保养时，需用专业的吹气球先吹掉镜头上的灰尘，再用清洁软布轻轻擦拭，避免手指触摸到镜头，或粘上油渍与指纹，影响成像质量。镜头上最好配有 UV 镜，在滤除紫外线的同时，还能对镜头起到防护作用。另外，只有在非常必要时才使用专用镜头清洗液清洁镜头，不用时将之放在干燥箱中，以防受潮霉变。

（2）科学保养相机的 LCD 液晶屏。数字相机上的彩色液晶显示屏最容易受到损伤，在使用过程中需要特别注意防护，以免被硬物刮伤。另外，放置相机时，最好将之放入专用摄影包中，以免彩色液晶显示屏表面受到重物挤压而受损，同时要避免太阳光直射彩色液晶显示屏，高温环境下容易使之受到损害。

（3）避免将相机镜头对着强光拍摄。数字相机采用 CCD 或 CMOS 固体成像器件，强光照射下，容易对其成像器件造成灼伤，所以，要避免镜头直接拍摄太阳或强光灯。此外，使用或存放数字相机时，不能将之放在强光下长时间暴晒，也不能放在暖气或电热设备附近。

（4）做好烟尘等方面的防护工作。烟尘会对相机造成损害，因此在烟尘较多的环境中，尽量不要使用数字相机。

（5）做好相机及镜头的防水与防潮工作。大部分数字相机都不具备防水、防潮功能，一旦有水或潮气进入机身内部，容易造成短路及镜头霉变等问题。

（6）注意高温防护工作。休息时，不要把相机搁在仪表台上，否则经太阳暴晒，相机及镜头内部元件容易变形受损。

（7）数字相机维护与保养其他注意事项。 ① 给镜头加上遮光罩避免强光照射。 ② 在冬天，将相机从室外带入室内时容易起雾，宜将相机放置在密封的塑料袋中，一起放入摄影包再带入室内，长时间不用时最好放入干燥箱中。 ③ 去寒冷的地方拍摄时要备足电池，并放于贴身的口袋里保温。④ 远离强磁场与电场。⑤ 防止相机受到振动和撞击。

 思考与练习题

1. 如何结合摄影创作的需要，科学合理地设置相机及镜头的相关参数？

2. 在日常的摄影创作中，应准备哪些摄影设备与照明灯具等附件？

3. 如何做好数字相机的日常维护与保养？

 摄影器材操作实训

1. 熟悉相机性能，并能熟练操作相机，学会准确曝光(重在训练光圈与快门的合理搭配)。

2. 了解相机变焦与聚焦，学会精准聚焦，合理变焦，运用相应景别进行取景构图。

3. 学会正确使用三脚架，能够在室内等弱光环境下运用快门，精准聚焦物体，拍摄出高质量的图片。

4. 学会设置相机及镜头参数，拍摄后及时将电子图片拷贝到电脑存储，学会管理并归档文件。

第三章 摄影审美眼力的培养

本章学习目标

1. 学会如何审美,把握审美三原则。
2. 灵活运用审美三原则进行摄影艺术创作。
3. 强化实战训练,快速提升审美眼光,提升摄影创作技能。

本章内容思维导图

摄影审美眼力的培养 ——— 摄影审美眼力培养的基本原则

审美眼力在摄影创作中的运用 ——— 挖掘提炼主题
选出被摄主体
简化摄影画面

第一节 摄影审美眼力培养的基本原则

也许你曾碰到过这样的情况:当看到一幅摄影作品时,觉得它很美,却说不出它为什么美,也不清楚作者是怎样把它创作出来的。你可能已了解作者使用的是什么相机、什么镜头,甚至清楚光圈、快门速度、感光度等数据,却还是拍摄不出摄影佳作来。所以,提升自己的摄影审美眼力,掌握摄影艺术的相关指导原则,才能更好地进行拍摄创作。

摄影者在摄影作品创作过程中,会逐渐懂得如何发现和捕捉周围的美好事物。这种能在周围世界中发现和捕捉美好瞬间的能力就是摄影者的审美眼力。

摄影者需要遵循哪些原则才能全面提升审美眼力呢?

（1）主题鲜明原则。一幅好的摄影作品要有一个鲜明的主题（有时也称为题材），或是表现一个人，或是表现一件事物，或是表现该题材的一个故事情节，主题明确，就能使观赏者一眼看出来。

图 3-1《放飞梦想》，这幅照片通过画面语言表达出即将毕业走上工作岗位的学子们幸福快乐的心情，以及他们对美好未来的憧憬。

图 3-1　《放飞梦想》

（2）主体突出原则。一幅好的摄影作品能把观赏者的注意力引向被摄主体。

图 3-2《乾隆行宫》，这幅作品是在江苏省宿迁市的乾隆行宫拍摄的，利用门框作前景，将人的视线自然引向框架里的主体建筑上，从而起到突出主体、强化主体之目的。

图 3-2　《乾隆行宫》

（3）画面简洁原则。画面应简洁明了,只需涵括那些有利于把观赏者视线引向被摄主体的内容,排除或压缩那些可能分散注意力的相关元素。

拍摄图3-3《锦绣明天》时,采取了三分法构图形式,以简洁的画面强化突出了主体。

图 3-3　《锦绣明天》

以上三条原则有助于启发摄影者的思路,使其用摄影师的眼光去观察世界。这三项基本原则是成为一名优秀摄影师的核心基础。

第二节　审美眼力在摄影创作中的运用

一、挖掘提炼主题

明确主题是摄影者首先要确立的一个目标任务。摄影艺术作品不仅要有明确的一般性的主题,还要体现出普遍性的主题。

摄影者不妨向自己提出以下问题:自己要创作的作品主题是什么?从中可以获得怎样的普遍性寓意?构图所要突出的主体是什么?如何使画面更加简洁明了?

很显然,图3-4《悲恸》的主题很鲜明。尽管你并不知道这位女孩的背景,但还是能理解作品的主题:一位女性难以抑制的悲痛。如果我们知道她是一位刚刚失去父亲的女儿,照片是在

图 3-4 《悲恸》

其父亲即将火葬时拍摄的，我们对主题的理解便会深化。这张照片的魅力就在于我们并不知道这些事实，仅凭照片本身就能说明一切，这就是作品主题的力量。

在拍摄中怎样强化摄影作品的主题呢？2004 年 3 月，笔者参加了这个悲痛的葬礼，因被场景所感染，就用随身所带的索尼小型相机进行了拍摄记录，通过抓拍人物特写，以直系亲属悲痛欲绝的典型画面形象体现"悲恸"这一主题。只聚焦于这张表现逝者女儿最痛楚、最具个人情感的面孔，舍弃拍摄与主题联系不是十分紧密的画面，使之更加触动人的心灵。

摄影作品创作是一个长期积累的过程，需要摄影者明确表现的主题。有些专业摄影师在从事多年的商业摄影之后，仍然没有获得这种意识；有些儿童摄影师，在拍摄甚至售出了数千数万幅照片之后，仍没有捕捉到"童年"与"天真"，这都是摄影师未能把握好相关主题就急于创作导致的。

二、选出被摄主体

不同的摄影作品主题有不同的寓意，一幅摄影作品的寓意取决于观赏者对它的理解。如在一次摄影创作活动中，许多摄影同行争先恐后地去抢拍镜头，而笔者却把镜头留给了他们（图 3-5）。

图 3-5 《争分夺秒》

三、简化摄影画面

画面的简洁明了绝非偶然，而是经过精心简化并做出取舍的结果。拍摄前应仔细选择被摄主体和相机的位置，通过反复取舍，保证画面的简洁流畅。

图3-6《缫丝工艺》的画面中，没有分散主体注意力的物体，现场缫丝氛围烘托了主题，画面非常简洁。

按下快门之前，先问自己三个问题：第一，这幅摄影作品所要表现的主题是什么？第二，这种构图方式能不能把观赏者的视线吸引过来？第三，画面是否简洁明了？是否舍掉了那些分散主体注意力的内容？在解决了这些问题之后，再按下快门。

要想拍摄出具有普遍意义主题的作品，就要在日常生活中以独特的视角

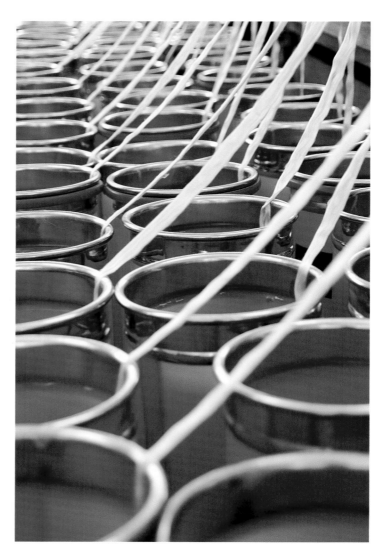

图3-6 《缫丝工艺》

进行观察，你会发现，美丽的事物无论是在大都市，还是郊区、乡镇，甚至是田野上比比皆是。

在日常生活中，我们对自己的家人、朋友或邻居非常熟悉，以至于很少会去仔细观察。看得太多，就视而不见了。而我们到异地参观旅游时，会发现成千上万个动人画面，原因就是异地的世界对我们来说是新奇的，故而在观察时使用的是完全不同的眼光。因此，我们要时时像一名外地摄影者一样，带着新奇感和陌生感，用全新的视角来重新观察周围的一切。也许最美妙的画面就在自己身边。

思考与练习题

1. 在实际生活中,如何运用好摄影审美三原则进行艺术创作?

2. 如何以独特的审美视角欣赏摄影作品?

 摄影创作实训

1. 运用摄影审美三原则,进行实战训练。

2. 尝试进行艺术构思,使得拍摄出的图片兼具形式美和内容美。

摄影光线的运用

 本章学习目标

1. 了解摄影光线的种类，掌握不同摄影光线条件下的光影造型技巧。

2. 了解光比、色温与白平衡的基础知识，并能在摄影艺术创作中进行运用。

3. 了解光线特性以及测光原理与测光模式，并在摄影创作过程中熟练运用。

本章内容思维导图

　　光是摄影的语言，光是摄影的生命。美国摄影家爱德华·史泰肯曾说过："摄影要解决的难题有两个，一个是如何在按下快门时捕捉最佳瞬间，另一个是如何运用好光线。"

　　摄影光线的运用体现着摄影者的基本功力，也是塑造被摄主体形象、营造画面气氛的重要保障。光线是摄影的先决条件，因为摄影本来就是在用光绘图。摄影光线分为自然光和人工光两大类。拍摄过程中要把握好各类光线的特点和用光方法，才有助于拍摄创作出优秀的摄影作品。

第一节　摄影光线的种类及光影造型

光线是完成画面艺术造型的一种重要手段。没有光线便没有事物的影像,故称摄影是"用光来作画"。光和影是摄影最基本的构成元素,自然界中一切物体的形、影、色,都是借助光的作用来获得视觉感受的,有光才能描绘出人物活动的场所与环境气氛。此外,光线还影响着构图,因为光线的线条、色块、影调是画面构成的组成部分,也是画面结构的内容之一。光线的布局直接影响摄影艺术作品的真实性、艺术性、感染力,使内容与形式统一在一个中心上。借助光线能够有力地强化作品主题,并产生相应的认识作用、教育作用、审美作用。借助光线,能使被摄主体获得独特的影调之美。

通常按光线的来源、投射方向、造型作用等三个方面对光线进行分类。

一、按光线的来源分类

根据光线的来源主要分自然光、人工光两大类。

1. 自然光

自然光是指天然发光的光源所照射或反射的光线,主要是指太阳光和天光。太阳光除了直接照射到地球上的一部分外,另一部分光被大气层吸收,透过大气层再照射到地面,此光称为天光。太阳照射建筑物、墙壁等产生的反射光也属于自然光。

自然光的特点是亮度强、照明范围广而均匀,但它的亮度、照射角度、距离远近、色温等往往不以创作者的主观意志为转移。自然光的强弱随季节、时间、气候、地理条件的变化而变化。一年之中,夏季光照最强,可利用拍摄的时间最长;冬季最弱,可利用拍摄的时间最短。日照强弱又受天气变化的影响,分为晴、阴、晦、雾、霾、雨、雪,其光线的照度也各不相同。地理条件的变化对日照强弱的影响也很大,如所处的经纬度不同,海拔高低的不同,其照度、色温也各不相同。海拔较高的地区,直射阳光较强,散射的天空光较弱,景物反差较大,天空呈暗蓝色。相反,海拔较低的地区,天空散射光较强,景物反差较柔和。靠赤道越近,照度越强。在高山、平地、高空、海底所受光强弱也各不相同。

拍摄外景主要靠自然光,人工光多作为辅助光使用。由于自然光受诸多条件的限制,往往不能以创作者的主观意志为转移,因此,摄影师需要注意观察、掌握自然光的变化规律,以便结合自己要创作的艺术形象进行选择并科学运用。

经过不同路径的光线具有不同的特点,并产生不同的照射效果,其造型效果各不相同。从光的通路上看,日光的光线可以分为直射光和散射光两种。在晴朗的天气条件下,阳光直接照射到被摄者的受光面产生明亮的影调,这种光线被称为直射光。在这种照明光线下,由于受光面与阴影面之间有一定的明暗反差,比较容易呈现出被摄主体的立体形态。因这种光线的造型效果比较硬,所以也把它称为"硬光",即小面积的点状光源直接照射,能够在被照射的物体上产生清晰投影的光线。如图4-1《楚街印象》就是利用直射光拍摄的。

图4-1 《楚街印象》

在薄云的天气下,直射光的照明反差降低,但其光线性质仍类似晴天的阳光,因而也属于直射光。此外,在影室拍摄人像等相关被摄主体时,所使用的聚光灯如果不加任何柔光附件,发出的光就比较硬,也属于直射光。直射光照在被摄体上,形成明显反差,用侧光照明,有明显的投影,有利于被摄主体呈现出立体感。光线的选择,对勾画被摄对象的形状、质地、轮廓等外部特征具有重要意义。

不同的采光方向与太阳照射物体方向会产生顺光、侧光、逆光等不同光效。顺光有助于让被摄主体受光均衡,能全面呈现被摄主体的质感,但不利于表现物体的空间感和立体感,影调较平淡单调,层次感弱,缺乏节奏变化,更不宜表现大空间感、物体数量众多的景物造型。侧光对摄影造型的表现力较强,能使物体受光面与明暗面表现明显,画面明暗配置和反差鲜明清晰,物体层次丰富,空间透视现象明显,有利于表现物体的空间感和立体感,摄影造型效果较为理想,运用时,要注意受光面与明暗面在画面造型中所占的比例。逆光有助于展现空间深度、烘托环境气氛,呈现空间透视的效果,有利于勾画物体的轮廓线条。运用低调影像来表现物体造型艺术效果更佳,但需要运用暗背景来烘托主体。当拍摄物体的特写或近景时,最好正面运用补光办法,使物体正面的质感得以体现,曝光则宜以正面亮度为宜。

阴天时,阳光被空中的云彩遮挡,不能直接投向被摄主体,被摄主体仅依靠天空反射的散射光线难以形成明显的受光面和阴影面,也难以有明显的投影,光线效果比较平淡柔和,因而这种光线被称为散射光,也称为"软光"。使用人工光源照射时,如果灯上没有聚光设备,或者灯具上附加了能使光线散射的装置(如散光屏、柔光纸、反光伞等),发出的光线则较为柔和,也属于散射光。在人像摄影中,散射光用得好,拍摄出来的影像线条和影调就较为柔和,层次较丰富。如图4-2《俄罗斯女孩》,就是利用散射光拍摄的。

图4-2　《俄罗斯女孩》

在多云天、阴天、雨天、雾天时,可充分利用景物本身的明度、色彩差异以及由空气厚度所造成的虚实变化,用散射光拍摄出色彩柔和、变化细腻的摄影作品。雨天、雾天空气湿度大,景物前实后虚,前景清晰,远景模糊,景物常常会变得像水墨画那样朦胧而滋润。不过,散射光下的景物,明暗对比较弱,光影平淡,必须严格掌握曝光时间。

根据哪些因素来选择直射光或散射光呢?一要从被摄者等主体形象的需要出发,比如,拍摄性格刚毅的男性可用硬光;拍摄女性或天真的幼童,通常使用软光表现。二要根据摄影者的意图选用直射光或散射光,使其达到相应的艺术效果。

2．人工光

由人工光源发出的光即为人工光。摄影中常用的人工光源有闪光灯、钨丝灯、荧光灯、碳弧灯、镝灯、金属卤素灯、短弧氙灯等。

人工光的特点是发光强度低、照射范围小,因而灯光与被摄体的距离远近对照射范围与强度大小影响极大,但它的亮度、照射角度、距离与色温完全可以人工控制和调节。运用人工光创造丰富的画面影调,塑造人物形象和不同的光线效果,可不受季节、时间、气候、地理条件的限制,可按创作者的构想从容进行创作(图4-3)。

图4-3 《花样青春》

二、按光源的投射方向分类

光源的投射方向包括水平照明角度和垂直照明角度,这两个方向的配合可以形成千变万化的照明效果。根据光源的投射方向和摄影机之间所形成的角度,光线主要可分为顺光、前侧光、侧光、后侧光和逆光等,以光线所处垂直面的位置可分为顶光、脚光等。不同的投射方向会形成不同的视觉感受与光影造型效果。

1. 顺光

顺光,又叫平光、正面光,其灯光高度与摄影机高度相接近,处在同一个水平面上,光线的投射方向和照相机的拍摄方向相一致。这种光线的光源方向与相机一致,与相机光轴相对重合(约形成 0°—15°夹角),光线通常从相机背后投向被摄主体。顺光照明的特点是被照明物体表面或被摄者面部及身体绝大部分都直接受光,阴影面积小,画面影调比较明朗。整个画面反差小、影调柔和、显得明亮、干净,不形成强烈反差,可以掩盖物体表面或被摄影者面部粗糙感的缺陷。在表现人物时,顺光能够使人物显得年轻。顺光照明由于不能使画面产生强烈的影调变化,不利于表现人像或物体的立体感与表面质感,被摄主体往往会显得平淡、呆板;在表现场景时,若采用顺光则不利于表现场景的空间感,画面缺少活力。

顺光照明的特点:物体被均匀照明,只能看到受光面(亮面),看不到暗面(背光面),投影被自身遮挡,有利于消除不必要的投影,但层次平淡;画面色调、影调主要由物体自身的色彩和明暗层次所决定,能很好地表达物体的固有色,此时,景物本身色彩的选择、明暗的配置十分重要;顺光照明能减淡被摄体的褶皱感,但不利于呈现物体表面凹凸不平的结构,不利于被摄体立体感、质感的体现;不利于拍摄多层景物,景物空间感不强,画面显得平淡,缺乏起伏感。因而,正面光常用于高调影像的拍摄创作。

拍摄时,一般多用散射光来获得影调柔和的造型效果,甚至作为主光使用(图4-4)。

图4-4　《童年记忆》

2.前侧光

前侧光也称斜射光,它是从照相机的后方一侧(左侧或右侧)投射,从照明光线与镜头光轴构成 30°—60°夹角的方向投向被摄主体,被摄主体大部分受光,产生的亮面大,形成较明亮的影调;被摄主体产生局部阴影,立体形态的呈现比顺光照明效果更好,影调也比较明朗。它是拍摄人像(室内、室外)常用的一种光线。对于自然光来说,这类光照出现在上午 9:00—10:00和下午 3:00—4:00。这种光线可较好地表现被摄主体的质感,使人物(或景物)产生丰富的影调,能将人物(或景物)表面结构的质地精细地展现出来(图4-5)。

图4-5 《玩自拍》

前侧光照明的特点:被摄主体在前侧光照射下,产生较大的受光面和较小的背光面,明暗过渡平滑,既能表现被摄主体的全貌,又能呈现其立体感、质感;前侧光照明下被摄主体会产生投影,妥善处理可丰富画面构图。一般多用直射光作为主光,从前侧的光位照射被摄主体。前侧光是摄影中运用最多的光线之一。

3. 侧光

侧光是来自相机一侧(左侧或右侧)与镜头光轴、被摄主体构成大约90°夹角的照明光线。这种光线能产生明显的强烈对比,影子修长而富有表现力。侧光照射明暗反差大,可以用来营造某种特殊的气氛。侧光的运用要注意受光面和背光面的亮度比值,即处理好光比。侧光摄影是一种常用的光线,画面明暗配置和明暗反差鲜明清晰,景物层次丰富,透视现象明显,有利于表现被摄主体的空间感和立体感,但缺乏细腻的影调层次。侧光作为修饰光使用时,能突出被摄主体的局部细节和形态。如果被摄体是粗糙的表面,在侧光下可获得鲜明的质感。有时侧光能夸大表面粗糙不平的结构,造成强烈的造型效果。

在人像摄影中,侧光照明的特点是灯光从相机一侧约90°的位置投向被摄主体,被摄者的面部和身体一半受光,而另一半处在阴影之中,面部和身体部位的立体感最强,有利于表现被摄者面部和身体的起伏形态。有时也把侧光用作装饰光,突出表现画面的某一局部或细节。

侧光能较好地表现人物的性格特征和精神面貌。在人像摄影中,往往用侧光来表现人物的特定情绪(图 4-6)。

　　侧光的特点：在侧光照明下，被摄主体的受光面和背光面各占一半，投影在一侧。虽然看不清主体全貌，但亮面、次亮面、暗面、次暗面和明暗交界线五种影调成分显著，画面的立体感较强。

图4-6　《青春时光》

　　4．侧逆光

　　侧逆光是来自相机的斜前方(左前方或者右前方)，与镜头光轴构成大约120°—150°夹角的照明光线。在人像摄影中，采用侧逆光照明，被摄者面部和身体的受光面只占小部分，阴影面占大部分，所以影调显得比较沉重。采用这种照明方法，被摄者的立体感比顺光照明要好，但影像中阴影覆盖的部分立体感仍较弱。常常需要用上反光板、电子闪光灯等辅助照明灯具适当提高阴影面的亮度，修饰阴影面的立体层次。这种光效层次较为丰富，空间感较强。若用侧逆光作为主光，辅助光不可超过它的亮度。

　　侧逆光照明的特点：被摄体大部分背向光源，受光面呈现为一个较小的亮斑，或勾画出被摄主体的轮廓形态，使之与背景分离，从而获得相应的空间感和立体感，空间透视感强(图4-7)。

图4-7 《吹奏者》

5．逆光

来自相机对面与镜头光轴构成大约170°—180°夹角的光线称为逆光，它使被摄主体绝大部分处在阴影之中，影调显得比较沉重。用逆光拍摄人像往往需要利用辅助照明手段对被摄者的阴影面进行修饰，或通过额外增加曝光量保留被摄者阴影面的层次。采用逆光照明，有时可以在人物的头发和肩上(有时也在脸上)形成明亮的光斑和轮廓，而被摄者面部处在阴影中。采用这种光线拍摄，最好选用暗调子的环境作为人像的背景，以衬托出被摄主体明亮的轮廓，并把被摄主体从环境中分离出来。

逆光是一种极具艺术魅力并有较强表现力的光线，它能有效呈现被摄主体的影调、层次、质感和纵深度，空间透视感强，能较好地勾画出被摄主体清晰的轮廓线，使前后景物层次分明，有利于营造良好的环境气氛。合理利用好这种光线，对主体或画面能起到"画龙点睛"的作用，使整幅画面显得更有生机和活力。在风光摄影中，面对山峦、村落、轻舟、薄雾时，都可以利用逆光进行表现。

逆光照明的特点：被摄体在逆光条件下，因有明亮的轮廓光照明，其轮廓形态较为明显；在造型中，逆光能使主体从背景中分离出来，从而使主体更加突出，适合呈现多层景物，使画面空间感增强。使用逆光作为主光，可使画面产生不同的明暗对比关系，产生剪影、半剪影等效果，也可获得较为生动的形象(图4-8)。

图4-8　《寻梦》

在现实生活中,逆光条件下的景物背光面主要受蓝色的天空散射光和环境反射光影响。

6.顶光

顶光是从被摄体上方投射下来的光线,当光源的高度超过 60° 以上时就容易形成顶光光效,通常与相机的拍摄方向大致成垂直角度。被摄主体突出的部分会在凹处产生投影,光线强烈,光比大,影调生硬。利用顶光进行拍摄,要注意选择有特点的背景,例如背景是流动的,主体是静止的;背景是深色的,主体是明亮的;背景是蓝色的,主体是红色的;等等。此外,还要选择适当的角度,如俯拍,使受顶光照射的主体和未受光的景物形成反差。

顶光照明的特点:顶光在人像摄影中很少运用,但有时也能出奇制胜。当顶光垂直照射时,景物的投影完全隐去。被摄体的上方因光照强烈而显得明亮,下方投影较短且浓重。顶光之下,水平面照度较大,垂直面照度较小,形成较大的明暗反差,画面缺少明暗过渡的中间层次,形成硬调效果;拍摄肖像时,头顶、眉弓骨、鼻梁、额头、上颧骨等部分明亮,而眼窝、鼻下、两颊处等较暗,眼窝下陷,颧骨突出,容易产生骷髅之状,人物极易被丑化。除非有特定的造型要求,一般要避免使用顶光拍摄人物肖像。用顶光拍摄人物肖像时,多半是为表现特定的光效,或烘托某种特定气氛(图 4-9)。

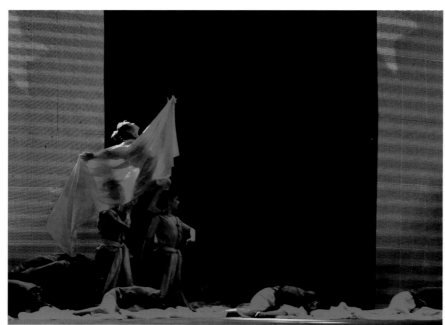

图4-9 《中华颂》

7．脚光

脚光是从被摄主体下方投来的光线。脚光的照明特点是光影结构使被摄主体形成非正常的视觉效果，同样会丑化人物形象。多用于渲染恐怖、惊险等特殊气氛，也多用于呈现油灯、炉火、烛光等光效。与此同时，脚光还可被当作修饰光使用，修饰眼神、衣服或头发等，脚光可增强被摄体的立体感和空间感(图4-10)。

图4-10 《黑夜之光》

三、按光线的造型作用分类

按光线的造型作用,可把光线分为主光、辅助光、环境光、修饰光、效果光、轮廓光等,其光影造型效果可谓异彩纷呈。

1. 主光

在进行主体拍摄时,表现主要光效的光线为主光,是起主要作用的光线。主光是塑造环境和刻画人物的主要光线。一般常用的主光以直射光从顺侧位照射居多,这样的光线在生活中很常见,且有助于呈现被摄体的立体感和质感。主光必须有光源依据,是直接来自环境中的主要光源。主光产生的影子是画面中唯一允许存在的影子。主光是照明处理光线时首先考虑的要素。当主光确定之后,也就决定了画面光效和气氛。主光与不同亮度的辅助光配合使用,可创造出画面不同的软硬调子、不同的光线气氛和效果。在室外拍摄,一般是以阳光作为主光,可根据造型任务来确定阳光的位置,或正,或侧,或逆。

主光有明确的方向性。当选定了拍摄角度以后,被摄体具有什么样的明暗造型效果,主要靠主光来控制。主光的方向和角度以及距离远近的改变,会使被摄体的明暗效果发生变化。摄影师在布光时要根据主光所处位置与照射方向选配其他光线,以保持光线整体效果的统一。

2. 辅助光

辅助光也叫副光,即辅助主光对被摄主体进行照明的光线,主要用于照亮未被主光照到的背光面,对主光起辅助作用,它决定了被摄主体阴影部分的质感和层次。

辅助光一般用散射光照明,不宜在被摄主体上形成影子;辅助光可提高被摄体阴影部分的亮度,减淡多余的投影,但它必须保持与主光形成相应的明暗关系,不能超过主光的亮度和光效。辅助光亮度的强弱可以改变被摄体的反差、影调的软硬。主光与辅助光形成的亮度比值叫光比,它是确定画面影调性质和光效气氛的重要因素,也是刻画人物性格和情感的重要手段。使用辅助光的目的是为了提高被摄体暗面的亮度,并控制明暗面的光比。辅助光越亮,光比越小;辅助光越暗,光比越大。辅助光宜用散射光,光质宜柔和,以便起到均匀照明的作用,以确保整体影调效果的和谐统一。

3. 环境光

环境光就是照明主体所处环境的光线,包括背景、前景和周围大型陈设的照明。白天拍摄外景和实景以自然光照明为主,环境光由光源性质、方向、时间概念、建筑结构、门窗多少以及戏剧气氛等因素决定。环境光是摄影作品光效主要体现部分,它是决定作品基调、画面影调、色调、反差和环境气氛的重要因素。环境光的运用是一个再创造的过程,它应交代地理环境、时间(昼、夜)、气候(阴、晴)和特定的气氛。

4. 修饰光

修饰光也称装饰光,是对被摄对象某些局部细节进行加工和润色,使造型、影调层次、色彩更加完美的光线,它可对人物的眼神、头发、面部以及服装、道具、布景等作局部的修饰,可提高画面的亮度与反差,丰富影调层次,增强画面的透明度,完善造型形象的艺术表现力。修饰光一般多使用小灯,位置灵活多变。从创作者的意图出发,运用修饰光可美化或丑化人物造型,营造特殊气氛,完成艺术构想。运用修饰光要注意分寸,不能影响主光光效,破坏整体气氛。

5. 效果光

效果光是指能够造成某种特殊光效的光线,它通常分为两类:光源效果光和情绪效果光。

光源效果光:环境中往往同时存在几种光源,除了作为主光使用的主要光源外,其他光源都属于效果光,如烛光、手电光、闪电以及行驶的车灯光、火光等。效果光包括自然界特定时空中的光线效果,如夜景、日出、日落、黄昏时的光效,以及特定空间的光效,如昏暗的山洞、阴暗的房间等光效。在舞台演出中,如果效果光运用得好,可以创造出生动、自然、真实的画面造型(图4-11)。

图4-11 《舞台印象》

情绪效果光:为了获取艺术效果而使用的各种特殊光线都属于情绪效果光,如电视台的晚会节目用彩色灯光营造的光效。

6. 背景光

背景光即专门用于照亮背景的光线,背景光不宜照射在被摄体的上方,以免破坏被摄体的光线效果。背景光有助于突显被摄主体,增强空间纵深感,增强艺术表现力。背景光可以有各种各样的变化,有亮背景、暗背景、明暗相间的背景和特殊光线效果的背景。亮背景,宜用散射光照明。有光斑变化的背景,宜用聚光灯照明。使用背景光时,要有利于表现主体的形象。在大多数情况下,被摄主体要与背景有一定的距离。通常处理背景光所用的方法有:用暗背景烘托主体亮的部分;用亮背景烘托主体暗的部分;用明暗相间的背景分别烘托主体暗的部分和亮的部分;用背景上的光斑渲染特殊的气氛。

常用背景光的种类有如下几种:一是平行背景光。在被摄主体后面左右各放一盏灯照射背景,使背景产生比较明亮均匀的光线效果,这种布光适合拍亮丽效果的照片。二是中心背景光。将一盏灯放在被摄主体的背后投射向背景,光线由中心向周围扩散,有光芒效果,主体被背景光衬托而突出,富有立体感。三是透射背景光。将光源放在背景布或人造背景的后面,光线从背景后面透射出来产生特殊光线效果,它能使画面产生朦胧虚实的空间感。

7.轮廓光

轮廓光就是沿被摄体边缘轮廓线部分造成一条明亮线条的光线。轮廓光一般从150°-180°的侧逆方向投射向被摄体。在拍摄人像时,可以在被摄者的头发、脸围、肩部形成一条亮的轮廓线,形成有表现力的光线效果。轮廓光的作用主要有三个:表现被摄体的轮廓特征;在轮廓部分形成亮线条,区分主体和背景;形成特定光线效果,增强作品的艺术感染力。运用轮廓光时,亮度要适宜,以形成亮的轮廓又不失去细部层次为好。轮廓光宜用聚光灯。

第二节　光比、色温与白平衡

一、光比

光比是指照明被摄主体的受光面与阴影面的光线强度的比值,它对摄影作品画面明暗反差的控制有着重要意义。反差大则画面视觉张力强,反差小则柔和平缓。摄影人常说的硬调即高反差,软调即低反差。人像摄影中,反差能很好地表现人物的性格。高反差显得刚强有力,低反差显得柔媚。风光摄影、产品摄影中,高反差显得质感坚硬,低反差则客观平淡。

被摄主体在自然光及人工布光条件下,受光面亮度较高,阴影面虽不是直接受光(或受光较少),但由于散射光(或辅助光)照射,仍有一定亮度。常用"受光面亮度/阴影面亮度"比例形式表示光比。光比还指拍摄对象相邻部分亮度之比,被摄体主要部位与阴暗部位亮度之间的反差。光比大,反差则大;光比小,反差则小。光比的大小,决定着画面的明暗反差,从而形成不同的影调和色调。拍摄人像时,巧用光比,可有效表达被摄主体"刚"与"柔"的特性,比如拍摄女性、儿童时常用小光比,拍摄男性、老人时常用大光比。直射光比较容易形成大光比,散射光比较容易形成小光比。

拍摄时采用不同的光比便会产生不同的效果，比如拍摄人像常用的光比有1∶1、1∶2、1∶4、1∶6。形成光比的通常有两种光线，即主光和辅助光。主光是布光中占支配地位的光，一般称为基调光或造型光。主光决定着被摄主体的调子(高调或低调)，它所产生的高光和阴影会形成相应的造型轮廓。主光主要用来照明被摄对象的高光部位或亮部。

辅助光就是在主光未能完成照明任务时所使用的辅助照明的光线，须配合主光使用。一般用辅助光来平衡被摄主体明暗两面的亮度差，体现阴影部分的更多细节，调节画面的光比。

辅助光的主要作用是提高主光所产生阴影部位的亮度，使阴暗部位也呈现出一定的质感和层次，同时减小影像反差。在辅助光的运用上，其强度应小于主光，否则就会喧宾夺主，甚至在被摄主体上出现明显的辅助光投影，即"夹光"现象。

光比影响着被摄主体的影调、反差、细部层次和色彩效果。光比较小时，被摄主体亮面和阴影面的亮度差别不大，影调反差较小，比较容易表现出被摄主体的亮面和阴影面的丰富层次与色彩，但立体感也较弱；光比大时，被摄主体亮面和阴影面的影调反差大，调子显得较硬，被摄主体亮面与阴影面的色彩较难兼顾，细部层次也会有所损失。一般来说，拍摄人像光比不宜大于1∶6。一般多用1∶1或1∶2这样的小光比进行黑白或彩色摄影。

二、色温

色温是光线在不同的能量下，人们眼睛所感受到的颜色变化，以开尔文(K)为色温计算单位。当某一光源所发出的光的光谱分布，与不反光、不透光完全吸收光的黑体在某一温度辐射出的光谱分布相同时，就把绝对黑体的温度称为这一光源的色温。

色温是表示光源光谱质量最通用的指标。低色温光源能量分布中，红色光辐射相对来说要多些，通常称为暖光；色温提高后，能量分布集中，蓝色光的辐射比例增加，通常称为冷光。一些常用光源的色温如下：烛光为1 930 K，钨丝灯光为2 800 K，荧光为3 000 K，新闻摄影灯为3 200 K，中午阳光为5 400 K，电子闪光灯为6 000 K，日光灯为7 200—8 500 K，蓝天为12 000—18 000 K。

色温偏低时拍摄的照片色彩会偏黄色，在色温偏高的日光灯下拍摄的照片会偏青色。当拍摄环境的色温与照相机设定的色温不符时就会造成这些现象。拍摄期间，能否对色温进行正确设定与调整非常重要。为此，可通过正确设置相机色温值来实现色彩的正确还原。当机内色温值与外界一致时，相机就能正确地表现白色。当外界色彩是3 000 K，而把相机色温值设置为8 000 K时，拍摄的画面就会偏暖，因为机器会认为外界的色温是偏蓝色的，因此需要增加黄色来中和蓝色，以实现还原白色的效果。同理，如果把相机色温值设置为1 000 K，画面就会偏冷。通过设置不同的相机色温值，可以实现不同的画面效果，从而给人不同的心理感受。

色温的作用主要体现在以下几个方面：

(1) 利用色温实现画面的白平衡。为实现中性的色彩取向，当画面偏蓝时，可提高色温值，为画面加入暖色(黄色)，从而实现白平衡之效。同理，当画面偏黄的时候，可以降低色温值，为画面加入冷色(蓝色)。

(2)利用色温特性渲染色彩。不同的色温对人心理层面的影响不同,在渲染画面氛围时,可借助色温辅助人们表达感情。如果想营造温暖、明亮的画面氛围,可提高相机色温值,让画面呈现出暖色调。

(3)与色调工具结合使用。可把色温和色调工具结合起来,以调整画面的白平衡,渲染画面的色彩。

三、白平衡

白平衡是以18%中级灰的"白色"为标准,让照片色彩尽可能还原为标准"白色"。白平衡即白色的平衡,白色是由赤、橙、黄、绿、青、蓝、紫七种色光组成,而这七种色光又是由红、黄、蓝三原色按不同比例混合形成的。当一种光线中的三原色成分比例相同的时候,称为消色,黑、白、灰以及金和银所反射的光都是消色。当有色光照射到消色物体时,物体反射光颜色与入射光颜色相同,即红色光照射下白色物体呈红色,两种以上有色光同时照射到消色物体上时,物体颜色呈加色法效应,如红色光和绿色光同时照射在白色物体上,该物体就呈黄色。当有色光照射到有色物体上时,物体的颜色呈减色法效应,如黄色物体在品红光照射下呈现红色,在青色光照射下呈现绿色,在蓝色光照射下呈现灰色或黑色。

现在多数数字相机均提供白平衡调节功能。一般白平衡有多种模式,适应不同的场景拍摄,如自动白平衡、钨丝灯白平衡、荧光灯白平衡、室内白平衡、手动调节白平衡等。

第三节 光线的作用与基本特性

一、光线的作用

优秀的摄影作品不仅应在画面上吸引人,更应该在思想、情感上打动人,而要做到这一点离不开摄影光线。光线的运用是否科学合理,决定着摄影作品的成败。

光线在摄影中的作用主要有以下几点:

(1)满足常规影像曝光的基本需要。利用光线拍摄出曝光正确的影像,满足摄影技术上对光线照度的基本需求。

(2)满足基本造型任务的需要。在平面上创设获得影像的体积感和空间感,使得摄影作品获得三维效果。不同物体的外部形状、表面结构、颜色和质感给人呈现的感觉是不同的,要表现出物体的深度,就需利用好光线的明暗。

(3)满足画面构图与均衡布局的任务。通过光线、光斑、阴影等构图因素,运用光线使画面保持均衡。

(4)增强画面气氛,表现人物内在特征。借助光线营造出真实而浓郁的环境气氛,有助于烘托出人物的内在情感,间接体现出画面人物的性格、职业特征与兴趣爱好。特定环境气氛的营造和光线效果的呈现,能够使得受众在观看摄影作品时产生身临其境之感,从而增强画面视觉语言的艺术感染力。

二、光线的基本特性

1.强度

离光源近的地方光的强度较强,离光源远的地方光的强度较弱。光源不同,光的强度有很大差别。同一光源在不同的天气条件下,体现出的光线强度也不同。光线偏强时,被摄物体的影调则较为明亮、鲜明,反差较大,色彩鲜艳。光线偏弱时,被摄物体的影调则比较暗淡,反差较小,色彩不够鲜艳。光的强度与光源能量、距离及传播介质有关。光的强度与光源能量成正比,光的强度与光源距离的平方成反比。例如,当光源的亮度变为原来的2倍时,相机接收到光的强度也变为原来的2倍,也就是增亮了1 EV。当光源的距离变为原来的2倍时,相机接收到光的强度则要变为原来的1/4,也就是减暗了2 EV。当光的敏感程度差距为2倍关系时,相差1 EV。若要维持影调不变,需要将光圈缩小一挡,或者将快门加快一挡。明亮的光线给人一种耀眼、明快和简约的感觉,暗淡的光线常常表现出忧郁、宁静和含蓄的情绪。照明强度的差别,会在照片上以三种不同的方式表现出来,即被摄体的明暗度、被摄体的反差范围、被摄体的色彩再现。

2.方向

即光源的方向。(1)顺光,也称正面光,是光线投射方向跟相机光轴方向一致的照明光线,顺光时被摄体受到均匀照明,景物的阴影被自身遮挡,影调比较柔和,画面层次靠被摄体自身颜色和影调来传达,因此能够较好地表现被摄体的色彩属性,但处理不当会比较平淡。(2)前侧光,是光线投射方向与相机光轴方向成45°左右夹角的照明光线,在建筑摄影中,常将之作为主要的塑形光,以呈现出建筑物的立体感、质感和轮廓。(3)侧光,是光线投射方向与相机光轴方向成90°左右夹角的照明光线,受侧光照明的物体有明显的阴影面和投影,明暗对比鲜明、强烈,这种光线下拍摄的照片富有戏剧性效果。(4)侧逆光,是光线的投射方向与相机的光轴方向成135°左右夹角的照明光线,侧逆光照明的景物大部分处在阴影之中,被摄建筑物的边缘往往有一条明亮的轮廓线。在拍摄建筑时,往往用这种光线体现透视效果。(5)逆光,也称背面光、轮廓光,是来自被摄体后面的照明光线,只能照亮被摄体的轮廓。在逆光照明的条件下,建筑物的大部分处在阴影之中,只有轮廓清晰可见,使建筑物区别于背景的天空,因此,这种光线有助于呈现建筑物的剪影效果。(6)顶光,是来自被摄体上方的照明光线。

3.色温

低色温光源的特征是红辐射相对来说要多些,通常称为暖光;色温提高后,蓝辐射的比例增加,通常称为冷光。

光源的颜色常用色温这一概念来表示。在拍摄日落的时候,若觉得太阳和天空不够红,可设置一个比较高的 K 值。相机系统认为色温高,会添加红色来中和。如果需要寒冷的感觉,可设置一个低 K 值,相机系统认为色温低,会添加蓝色来中和。

第四节　测光原理与测光模式

一、测光原理

测光就是测量拍摄画面的亮度,让拍摄结果接近实际亮度。人眼可以适应不同的亮度,而相机只能根据系统指令分辨画面亮度。为了方便对光线的测量,就有了一个测光基准,即18%中性灰反光率原则。相机在测光过程中,会把镜头所"看到"的所有物体都默认为反射率为18%的灰色(中级灰),并以此作为测光的基准。

18%的灰色与人的皮肤平均反射光(16%~20%)的色调一样,测光表工作时,要看被摄体的灰色是否为 18%,如果是,则测量出来的数值会十分准确,按此数值曝光,被摄体的色彩和影调会得到真实还原。如果被摄体的反射率不是 18%,相机测光系统测量出来的数值就不准确,若直接按此数值曝光,画面的影调和色彩就会出现失真。

画面反光率高于基准时,相机系统会自动降低亮度以达到平衡,所以实际会偏暗,比如拍摄雪景、雾景等白色区域较多的画面。画面反光率低于基准时,相机系统会自动提高亮度,所以实际会偏亮,比如拍摄深色物体或深色区域较多的画面。目前,摄影光线的测光工作通常是由相机内置的测光系统或测光表来完成的。

二、测光模式

相机的测光模式大致分为三类:评价测光、中央重点测光和点测光。

评价测光也叫矩阵测光、平均测光、多区评估测光、蜂窝式测光,是对整个画面的亮度进行智能分析,最后获取平均的亮度值。适合光比较小的场合,应用较普遍。这种测光是迄今为止最灵活、最方便且发展最成熟的测光方法。不过,评价测光的缺点是难以应对复杂光线环境下的测光,如阴影、逆光等。

中央重点测光是对画面中间区域 1/3 左右的位置进行测光,较适合中心构图和特写画面的拍摄创作。

点测光是对单点 3% 左右区域进行测光,以确保主体曝光精准。

三、测光表

测光表是测量被摄物体表面亮度或发光体发光强度的一种仪器，在摄影过程中，它能准确提供被摄物体的照度或亮度，为摄影者提供相机的光圈和快门组合参数，它是专业摄影中必不可少的工具。根据测光表测光形式的不同，将其分为入射式照度测光表和反射式亮度测光表两类。常见测光表的使用方法大致有以下五种：

一是机位测光法。此法是在景物亮度分布较均匀的情况下，测光表同位于相机取景方向对被摄体进行测光，所获得的亮度值是景物反射光的平均光值，依据这个亮度值来确定曝光，能较好地呈现整个画面的影调，此法常用于拍摄远景或全景风光片。

二是近测法。在拍摄人或物的近景之时，将测光表移近被摄主体进行测量，以使之获得相对准确的曝光。近测时，测光表应同位于相机取景方向，测光表距被摄体20厘米左右为宜。近测法多用于主体与背景亮度差较大的情况下，如雪地中的人物。

三是标准板测光法。标准板测光不仅可以测出光值，而且可以进行试拍以验证色彩平衡。测光时，将标准板置于距测光表60厘米处，使其恰好包括在测光表角度之内。

四是亮度范围测光法。它也叫多点测光法，通过分别测量被摄体的最亮部分、最暗部分及其中间部分，取其平均值作为曝光指数。

五是入射光测光法。测量被摄体所受到的照度高低（照明光源的强弱），并据此推算出曝光组合。测光时将测光表置于被摄体近处，并将测光窗对准光源（太阳或照明灯）。

思考与练习题

1. 如何利用好各类摄影光线进行艺术创作？

2. 如何进行测光，并将之运用于摄影创作之中？

摄影创作实训

1. 在各类光线条件下进行摄影实拍训练，感受不同光线环境下光与影带来的视觉效果。

2. 学会利用相机或测光表进行测光并精准曝光。

第五章

摄影构图

本章学习目标

1. 了解摄影构图目的及构图元素,能将相关元素合理布局在画面之中。

2. 掌握摄影构图形式,并能娴熟地运用于艺术创作实践之中。

3. 了解影调与线条等因素对摄影构图的影响。

本章内容思维导图

摄影构图

| 摄影构图的目的与性质 | 摄影构图的概念与基本要求
摄影构图的目的
摄影构图的性质 |

| 摄影构图的元素 | 摄影画面结构的实体元素
摄影画面结构的基础元素 |

常用的摄影构图形式

三分法构图
九宫格构图
A字形构图
三角形构图
框架式构图
S形构图
V字形构图
圆形构图
C字形构图
水平式构图
垂直式构图
对角线构图
汇聚线构图
曲线构图
十字形构图
W形构图
X形构图
L形构图
放射式构图
斜线式构图
向心式构图
重复式构图
对称式构图
均衡式构图
变化式构图
紧凑式构图
散点式构图
小品式构图
延伸式构图

影调、色调、线条与构图

影调、色调与构图
线条与构图

第一节　摄影构图的目的与性质

一、摄影构图的概念与基本要求

1．摄影构图的概念

构图是把主体、陪体及环境等各部分进行组合、配置，使其整体呈现出艺术性较高的画面。

一幅摄影作品的构图凝聚着作者的匠心，体现着作者表现主题的意图，因此，它是作者艺术水平的具体反映。概括地说，摄影构图就是摄影者利用视觉要素（点、线、面、形态、色彩等），根据空间大小把它们组织起来，使之简化、均衡、和谐，通过画面造型传达、阐释信息，反映摄影师对某一事物的认知和情感。在很大程度上，构图决定着构思的实现，决定着摄影作品的成败。因此，研究摄影构图，有助于创作出具有深刻思想内容与完美形式的摄影艺术作品。

摄影构图使内部结构得到恰当的表现。只有内部结构和外部结构得到和谐统一时，才能产生完美的构图。

构图把构思中典型化了的人或景物加以强调、突出，从而舍弃那些表面的、烦琐的、次要的东西，并恰当地安排陪体，选择环境，使作品展现出的形象比现实生活中的更强烈、更完善。

2．摄影构图的基本要求

摄影构图有以下几点基本要求：一是要突出主体。通过主体与背景的明暗对比、色彩冷暖对比、形体大小对比等方式突出主体，使被摄画面简洁且有主次。二是要对摄影画面进行均衡处理，这是画面构图的基本要求。所谓均衡是指以画面中心为支点，画面的左右上下呈现的构图元素在视觉上的平衡。均衡构图会给人以稳定、舒适、和谐的感觉。三是要注意摄影用光。摄影是光画艺术，要选择适合呈现主体的光线。四是遵循多样统一的规律。这是一切形式美的基本规律，也是画面构图的总规律。

二、摄影构图的目的

任何题材的摄影作品都包含着相应的视觉美点，即构图的审美性。摄影者把视觉感受移于画面上，构图的基本任务就是最大限度地阐明摄影者的思想与艺术构思（图5-1）。

图 5-1 《和谐自然》

三、摄影构图的性质

摄影者在创作时,要像"工师之建宅",经过一番选择提炼,在筹划安排、组织结构上下功夫,巧思结构,精心布局。

构图时,要像写文章一样,做到有章有法,有主有次,相互呼应,疏密有序。构图要讲究构图规律,服从于主题表现需要(图5-2)。

图 5-2 《灵山史卷》

第二节 摄影构图的元素

摄影者要对画面中的各要素进行主次定位，同时处理好光线、影调、色彩、线条等，让画面的整体构图更加生动、富有活力。

一、摄影画面结构的实体元素

摄影作品画面结构的实体元素主要有主体、陪体、环境等。

1. 主体

主体是摄影者用以表达主题思想的部分，是画面结构的中心，应占据显著位置。它可以是一个对象，也可以是一组对象。可以说，没有主体的画面不能被称为一幅完整的摄影作品。

图5-3 《建设者》

突出摄影主体的方式主要有两种，一种是直接突出主体，让被摄主体在画面中占据视觉中心位置，同时配以适当的光线（图5-3）。另一种是间接表现主体，即通过对环境进行渲染来烘托主体。

突出主体的方法有很多，如利用一定的拍摄角度来突出主体；以特写的方式来突出主体；利用与主体有鲜明对比的背景来衬托主体；利用明亮的光线来强调主体；通过虚化背景来突出主体；利用汇聚线指向主体，将主体设置在画面的视觉中心或黄金分割线位置。

2. 陪体

陪体是指在画面上与主体构成一定的情节，协助主体展现主题内涵的对象，其作用就是为主体做陪衬。有陪体的衬托，整幅画面的视觉语言会显得更加生动、活泼（图5-4）。

图 5-4　《沐浴》

陪体是用来突出被摄主体的,是为深化主题内涵服务的,因此,陪体不能喧宾夺主。陪体要对主体起到积极作用。

3.环境

摄影主体所处的环境(含前景与背景)要对作品主题起到一定的烘托作用。前景处于主体前面,靠近相机的位置,在画面中成像较大,一般位于画面四周。运用前景的物体一般是花草树木、门窗或人物等(图 5-5)。

前景的作用主要有:渲染画面气氛;增强画面的空间感和透视感;突出画面主体与背景相配合以深化主题;使观者产生身临其境之感;增强主体画面的均衡感;虚化前景以给人朦胧的美感。

图 5-5　《远山》

背景是处在主体后面、用来衬托主体的景物,对于突出主体形象、丰富主题内涵起到重要作用。选择背景应注意三方面:一是要抓取富有当地特征、有时间和地点等要素的景物作为背景；二是背景的处理要力求简洁，将背景中可有可无的物体减去，以使画面更加简洁精练；三是背景要与主体形成色调或影调上的对比，使主体具有立体感、空间感和清晰的轮廓线条，从而增强视觉效果和感染力。背景处理是摄影画面构图中的一个重要环节，只有在拍摄中细心选择，才能使画面内容精练准确（图5-6）。

图5-6　《古楚大桥》

图5-7　《金色年华》

4．留白

留白可创设出相应的画面意境。留白可以是天空、水面、草原、土地或其他景物在画面形成单一的色调。空白的留取要给主体留出相应的运动空间，尤其是拍摄向前运动的人或物时，使运动中的被摄主体有伸展的余地。

留白在摄影画面中起到重要作用。首先，有助于突出主体，使主体更加具有视觉冲击力。其次，有助于创设意境，给人带来回旋余地与空间（图5-7）。

二、摄影画面结构的基础元素

1.光线

摄影画面中光影的平衡与互动非常重要。前期拍摄就是捕捉光,后期处理则是调整光在摄影作品上的强度与分布。在一幅摄影作品中,光的强度、光源的大小以及光线的方向、色调,都能影响摄影作品的艺术呈现(图5-8)。

图5-8 《生命之光》

光线在摄影中的作用主要有如下方面:一是满足基本的拍摄照度,这是摄影艺术创作的基本要求。二是呈现被摄主体的形与色。三是呈现物体空间位置。四是有助于再现环境气氛,使人产生身临其境之感。

2.影调

影调又称为照片的基调或调子,指画面的明暗层次、虚实对比和色彩的色相明暗等之间的关系。根据画面影像所呈现出的明暗层次,可将之分为硬调、软调、中间调;根据画面整体所呈现出的明暗倾向,可分为高调、低调、中间调。硬调明暗对比强、反差大,给人明快、粗犷的感觉,影像的整体感强,但细部易失去质感。软调明暗对比弱,反差小,给人以柔和、细腻、含蓄的感觉。中间调的影调明暗对比、反差适中,接近人眼观察景物时的印象。高调以大面积白和灰色影调为主,给人以轻松、明快、纯洁、清秀之感。低调是大量利用黑灰的影调,给人以肃穆、凝重、神秘之感。

光线构成、拍摄角度、取景范围的选择,都直接影响到影调的构成。摄影画面中的线条、形状、色彩等元素是由影调来体现的。影调是物体结构、色彩、光线效果的客观再现,也是摄影师创作意图、表现手段运用的结果(图5-9)。

图 5-9 《人像之魅》

3. 色彩

色彩是摄影艺术作品表达情感的重要语言。

（1）色彩可服务于构图需要。在摄影艺术创作中，不仅要考虑影调、线条、光线、形状等对构图的影响，还要考虑色彩对人的情绪的影响。巧妙利用红、黄、橙等明丽的色彩，并使之成为画面的趣味中心，则可吸引人们的注意力。利用红、黄、橙等颜色向前突出，绿、蓝、灰等颜色向后退的视觉特性,可在二维空间的平面上制造纵深之感,呈现出三维空间效果。

（2）冷暖色彩影响作品的情感表达。蓝、绿、紫等颜色给人以寒冷、静谧的感觉,故称冷色;红、黄、橙等颜色给人以积极、跃动、温暖的感觉,故称暖色。红、黄、橙等明度高的色彩给人的感觉轻一些,蓝、绿、紫等明度低的色彩给人的感觉重一些。把握好色彩冷暖,利用色彩所形成的基调,可以更好地彰显作品的主旨情感。暖色系色彩的饱和度愈高,其暖的特性愈明显;冷色系色彩的亮度愈高,其冷的特性愈明显。素雅的颜色与静态及抑郁的情感紧密相连,鲜艳的颜色与动态及快乐的情感关系密切。

色彩的准确运用有助于摄影者在作品中表达情感,展现主体人物的精神面貌与内心世界,这也正是摄影者把拍摄对象的心理感受和感情世界进行展现的手法（图 5-10）。

图 5-10　《幸福时刻》

4. 线条

线条是各种造型艺术表现形式的灵魂,因此,摄影艺术非常重视线条的提炼和运用,其功能在艺术创作中主要体现如下:一是可作用于画面的整体结构和主体形象,横、直、曲、斜等线条形式,可在画面结构中发挥出相应的作用;二是利用线条刻画主体,造成不同的质感和空间感;三是利用线条再现鲜明、生动的主体视觉形象,从而构建出摄影艺术作品的意境、节奏和主旋律。在摄影艺术作品创作中,要善于运用线条及其表现形式来呈现人与景的质感和空间感,借此抒发和表达情感（图 5-11）。

图 5-11 《倾城之恋》

第三节　常用的摄影构图形式

摄影构图要在具体画面的结构安排上体现出形式美，常用的摄影构图形式有如下种类。

一、三分法构图

　　三分法构图，即把画面分成三等分，每一等分上都可放置主体，这实际上是黄金分割构图的简化版，其目的就是避免对称式构图。三分法构图有横向和纵向之分，构图简练，能够鲜明地表现主题，是摄影者经常用到的构图形式。在拍摄人像时，摄影者也要尽可能避免把人物安排在画面中央，通常将被摄主体放在画面的黄金分割线上，这样视觉感会更加强烈（图5-12）。

图 5-12 《快乐童年》

二、九宫格构图

九宫格构图也称为井字构图,它是把画面平均分成九块,在中心块四个点的任意一点位置上安排主体位置,这几个点都符合"黄金分割定律",是画面最佳的位置。九宫格构图能使画面呈现变化与动感,更加富有活力。这四个点有不同的视觉感应,上方两点的动感比下方的强,左边的点比右边的强,重点要注意视觉平衡问题(图5-13)。

图5-13　《水天之间》

三、A 字形构图

这是指在画面中以 A 字形来安排画面的结构,具有较强的稳定感和向上的冲击力,通常用于表现自然物体及人与物体的形态。在拍摄过程中,要把所表现的主体放在 A 字顶端汇合处,以起到强制式的视觉引导作用(图5-14)。

图5-14　《杂技》

四、三角形构图

以三点成一面的几何形式安排人或物的位置，形成三角。可以构成正三角形、斜三角形、倒三角形、不规则三角形等不同的形式。三角形构图具有安定、均衡、灵活等特点（图5-15）。

图5-15 《时空舞台》

三角形是一个均衡的形态结构，可将之运用到摄影构图中。正三角形构图能够营造出安定感，给人力量强大、无法撼动的印象；倒三角构图给人一种开放性及不稳定性所产生的紧张感；不规则三角形构图给人一种灵活性和跃动感；多三角形构图则能表现出热闹的动感，尤其在拍摄溪谷、瀑布、山峦等中较为常见。

五、框架式构图

图5-16 《全神贯注》

框架式构图也称口字形构图，多应用在前景中，它借助树枝、拱门、有装饰的栏杆和厅门等框架，将人的注意力集中到被摄主体上，赋予摄影作品更强的视觉冲击力。用框架作为前景，能增强画面的纵向对比和装饰效果，使摄影作品产生纵深感。这种构图形式比较符合人的视觉习惯，有助于产生强烈的空间感和透视效果，现场感较强（图5-16）。

六、S 形构图

当画面的主要轮廓线呈 S 形时，就可充分利用 S 形进行构图，产生动感效果，不仅适合表现山川、河流、地域等自然的起伏变化，也适合表现人体或者物体的曲线，尤其适合表现女性的优美线条。S 形曲线的景物具有延长、变化的特点，看上去富有韵律，给人以雅致、协调之感（图 5–17）。

图 5–17 《蜿蜒》

七、V字形构图

V字形构图是富有变化的一种构图形式，其主要变化体现在方向的安排上，不管是横放还是竖放，其交合点必须是向心的。单用V字形时，画面不稳定的因素极大，而双用V字形时，画面不但具有了向心力，而且稳定性得到增强。正V字形构图一般多用于前景中，以其作为前景的框式结构更容易突出主体(图5-18)。

图5-18 《羽冠舞者》

八、圆形构图

圆形构图也被称为中央构图，运用这种构图方法可拍出具有稳定感和集中力的照片。它分为外圆构图与内圆构图两种，外圆是自然形态的实体结构，内圆是空心结构，如管道、钢管等(图5-19)。

图5-19 《管道》(张海东 摄)

内圆构图是通过具有一定长度的圆口物体去拍摄另一侧的物体。因此，内圆构图产生的透视效果极具震撼力。

外圆构图是在实心圆物体形态上的构图，主要利用主体安排在圆形中的变异效果来表现(图5-20)。

图 5-20　《"眼睛"》

九、C 字形构图

C 字形构图具有曲线美的特点，摄影者在使用这种构图形式进行主体拍摄时，要注意把主体对象安排在 C 字形的缺口处，使观赏者的视觉随着 C 字弧线推移到主体对象上。在具体的拍摄过程中，C 字形构图在方向上可以任意调整，一般的情况下，多在工业、建筑、人像等题材上使用(图5-21)。

图 5-21　《美好时光》

十、水平式构图

水平线给人以宽广、平稳、宁静的感觉,因而水平构图在自然风光摄影中经常用到。通常来说,水平线的位置取决于摄影者的拍摄意图。以地平线为例,如果要强调天空,就把地平线放到画面偏下的位置,如果要强调地平线下的景物,如湖面,则可把地平线放置到画面上方,地平线不宜放在画面中央。水平式构图具有平静、宽广、博大、安宁、舒适、稳定等特点,常用于表现平静如镜的湖面、微波荡漾的水面、一望无际的平川、广阔平坦的原野、辽阔无垠的草原等。在人像摄影中,也可运用水平式构图(图5-22)。

图 5-22 《印度舞蹈》

十一、垂直式构图

垂直式构图能充分显示人或景的高大和深度,常用于表现万木争荣的森林、参天的大树、险峻的山石、飞泻的瀑布、摩天大楼,以及竖直线型组成的其他画面。这种构图中,竖线给人以坚强、庄严、有力之感。总体来说,在摄影构图中自然竖线要多于横线,如树木、电杆、柱子等。竖线构图比横线构图更富有变化(图5-23)。

图 5-23 《绿色畅想》

十二、对角线构图

把主体安排在对角线上，能有效利用画面对角线吸引人的视线，达到突出主体的效果。对角线构图在画面中所形成的对角关系有两种，一种是直观意义上二维画面的对角效果，另一种是能使画面产生极强的动势，呈现出画面纵深感的三维立体效果，其线性透视会

图 5-24 《蓝色小夜曲》

使拍摄对象变成斜线，引导人们的视线到画面深处。在摄影构图中，可利用画面中的斜线来呈现被摄主体的形状、影调等（图 5-24）。

十三、汇聚线构图

汇聚线构图指画面中向某一点汇聚的线条构成画面的空间感，它可以是实实在在的实体线，也可以是抽象线。画面中的汇聚线越集聚，透视的纵深感就越强烈。拍摄时，可借助广角镜头的透视效果将主体放在汇聚线的中心位置上，以起到相应的视觉引导作用（图 5-25）。

图 5-25 《形影随行》

十四、曲线构图

曲线构图包括规则曲线和不规则曲线这两种构图形式,曲线象征着柔和、浪漫、优雅,给人一种美的感觉。曲线的表现方法是多样的,摄影者在运用曲线构图的过程中要注意曲线的总体轴线方向。当曲线和其他线条综合运用时更能突显画面效果(图5-26)。

图 5-26 《象牙塔之梦》

十五、十字形构图

画面上的景物、影调或色彩的变化呈正交十字形的构图形式称为十字形构图。它能使观者视线自然向十字交叉部位集中,多用于稳定排列组合的物体,或者拍摄有规律的运动物体等。十字形构图把画面分成四份,在画面中心交叉点上放置主体,增强了安全感与神秘感,但也存在着呆板等不利因素。适宜表现对称式构图,在拍摄古建筑、教堂等建筑时通常会使用这种构图形式(图5-27)。

图 5-27 《祈福》(王科帆 摄)

十六、W 形构图

W 形构图具有极好的稳定性且适宜人物的近景拍摄,运用此种构图,需要摄影者寻求细微变化与视觉感应(图 5-28)。

图 5-28 《印度双人舞》

十七、X 形构图

X 形构图的线条、影调、景物呈斜线交叉布局形式,透视感强,有利于把人的视线由四周引向交叉中心,也可以引向画面以外,具有轻松活泼、舒展含蓄的特点。常用于拍摄建筑、大桥、公路、田野等题材或人像摄影之中(图 5-29)。

图 5-29 《青春之歌》

十八、L形构图

L形如同半个围框，可以是正 L 形，也可以是倒 L 形，均能把人的注意力集中到围框以内(图 5-30)。

十九、放射式构图

放射式构图是以主体为核心、景物呈向四周扩散放射的构图形式，它使人的注意力集中在被摄主体，常用于需要突出主体而场面复杂的场合，也用于使人物或景物在较复杂的情况下产生特殊效果等表现手法。这种构图有开阔、舒展、扩散的作用(图 5-31)。

图 5-30 《窗外》(沈琬彬 摄)

图 5-31 《"心花路放"》

(李林洁 摄)

二十、斜线式构图

斜线式构图常表现运动、流动、倾斜、动荡、失衡、紧张、危险、一泻千里的场面，也可以利用斜线指向特定的物体，起到固定导向的作用（图 5-32）。

图 5-32　《倾慕》

二十一、向心式构图

主体处于中心位置，四周景物朝中心集中的构图形式称为向心式构图，它能将人的视线引向中心主体，并起到突出主体的作用（图 5-33）。

图 5-33　《彩笔》
（李燕 摄）

二十二、重复式构图

重复式构图是以一种既定的形象多次重复的构图形式,可产生视觉上的旋律美感,呈现出整齐与重复的视觉感受(图5–34)。

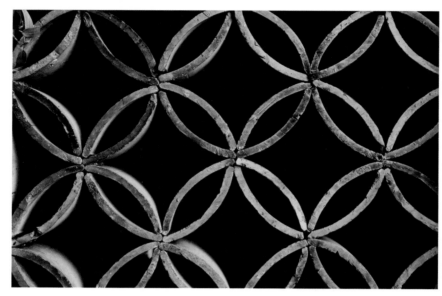

图 5–34 《构成》

二十三、对称式构图

对称式构图具有均衡、稳定、相互呼应的特点,常用于表现对称的物体、建筑及特殊风格的物体等。缺点是呆板且缺少变化(图5–35)。

图 5–35 《透视象牙塔》

二十四、均衡式构图

均衡式构图给人以满足的感觉,画面结构完美无缺,对应而均衡。常用于夜景、新闻等题材的拍摄(图 5-36)。

图 5-36 《京韵》

二十五、变化式构图

变化式构图将被摄主体特意安排在某一角或某一边,能给人以思考和想象,常用于山水小景、体育运动、艺术摄影、生活照片等(图 5-37)。

图 5-37 《专座》

二十六、紧凑式构图

紧凑式构图是将主体以特写的形式加以放大，以其局部布满画面，具有紧凑、细腻、微观等特点。比如在体育摄影中对运动员用特写景别，展现其在竞赛中汗流浃背的场景，这种构图形式常用于人物肖像、体育摄影、显微摄影或用于表现局部细节，对刻画人物的面部表情往往能达到出神入化的境地（图5-38）。

图 5-38 《遐思》

二十七、散点式构图

散点式构图常用于拍摄密密麻麻的花丛、繁盛茂密的森林等题材，这些看似杂乱的风景其实蕴藏着自然界中最真实的美（图5-39）。

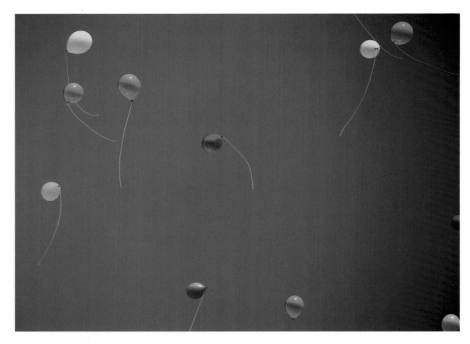

图 5-39 《飘飞的气球》

二十八、小品式构图

小品式构图是通过近摄等手段,根据主旨思想把本来不足为奇的小景物,变成富有情趣、寓意深刻的一种构图形式,具有不拘一格的特点(图5-40)。

图 5-40 《和谐一家人》

二十九、延伸式构图

延伸式构图能引领视线并以汇聚的线条把人的注意力集中在汇聚点上,让景物有悠远的感觉,同时也拓展出画面的空间感。此构图比较适合拍摄林荫道、整齐排列的建筑与物体等(图5-41)。

图 5-41 《酒魂》

无论采用哪种构图形式,均衡问题都是要考虑的问题,画面均衡、稳定使人感到和谐。

根据均衡的心理需求因素,可从以下几个方面来强化摄影构图的表现力:一是强调一种庄重、肃穆的气氛时,可采取对称式均衡构图;二是在一些强调恬静、柔媚的抒情性风光摄影中,通过疏密虚实来均衡画面;三是有意地违反均衡法则,使摄影画面在不均衡中造成某种动感,像受到外界冲击一样,利用不均衡的形式来表现主题。

在摄影构图过程中,要让每一个局部都服从于整体需要。对摄影构图的准确理解与快速反应,是摄影家及摄影爱好者必备的综合素质。

第四节 影调、色调、线条与构图

一、影调、色调与构图

拍摄者要在创作过程中对画面影像的层次、影像虚实的对比及色彩的明暗关系等进行调整控制,这就形成了作品的影调。通常来说,黑白摄影讲究影调,彩色摄影强调色调。

摄影作品的影调主要分为以下几种:从明暗关系上可分为高调、低调和中间调;从色彩关系上可分为冷调和暖调;从影像的层次反差上又可分为柔调和硬调。以黑白摄影作品的明暗关系为例,高调作品以白和浅灰为主,适当辅以少量深灰色,以大面积的浅色调衬小面积的深色调,呈现出明朗、纯洁、轻快的感觉,小面积的深色调则可强烈吸引受众的视线;低调作品主要是以黑和深灰色为主,以大面积的深色调衬小面积的浅色调,给人低调、冷清之感,小面积的浅色调则可有效吸引受众视线;中间调作品以灰调为主,介于高调、低调两者之间,反差小,层次丰富。

色调主要是指在彩色摄影作品中画面色彩的基调,它由色彩的明暗和色别组成,在量上占有相当比重的色彩称为主色调。因饱和度不同,每种色会产生多种不同灰度的色彩,它们构成了彩色摄影作品丰富的色调(图5-42)。

图 5-42　《清晨》

　　影调与色调是体现画面形式表现的主要因素,是画面中审美意识、情感表达的基础。拍摄者通过灵活运用影调与色调,将画面中的美感予以创造性呈现,吸引受众并引起他们情感上的共鸣。

二、线条与构图

线条和影调、色调是一幅摄影画面的骨架和肌肉,线条在画面中亦占有重要位置。

（一）线条的基本特点

1．线条的提炼

所有的造型艺术都非常重视线条的概括力和表现力,它是造型艺术的重要语言。摄影艺术同样也重视线条的提炼和运用。在画面上塑造形象离不开线条的提炼,要想再现人的表情、动作、姿态,必须选择相应的角度、光线等,利用线条来表现人物和景物的质感与空间感,运用线条来抒发情感。

2．线条的功能

线条可以作用于摄影作品的整体结构,拍摄者可以借助线条营造出时空感,创设出独特的意境与韵律感、节奏感。

3．线条的类型及特点

线条的形式主要有直线和曲线两大类。曲线的线条形式虽然比较丰富,但基本上都是波状线条的各种变形。在直线条中,垂直线条可以促使视线上下移动,显示高度,产生耸立、高大、向上的印象;水平线条可以引导视线左右移动,产生开阔、伸延、舒展的效果;斜线条能使人感到从一端向另一端扩展或收缩,产生变化不定的感觉,富于动感。曲线使视线时时改变方向,并将视线引导向重心所处位置;圆形线条可使视线随之旋转,具有更强烈的动感。摄影创作过程中,可用垂直线条烘托形象高大、雄伟、向上、挺拔的艺术效果,突出人物的精神面貌和场景的巍峨气势,可用水平线条来表现群众活动、农业生产等场面和山水风光等,强调的是辽阔、舒展、秀美、宁静的气氛,可用倾斜线条来表现动态的体育活动、舞蹈等或运用于需要加强画面结构的变化和刻画生动、活泼、形象的作品之中。运用线条可强化画面的纵深感,使画面结构更加丰富,更富有艺术性(图5-43)。

图5-43 《鸟瞰》(晏泽华 摄)

（二）线条的运用

1．运用线条结构传达情感

在摄影造型艺术中,可利用线条来传达与抒发某种情感,可以利用水平线表现平稳之感,利用垂直线表现崇高之感,利用曲线表现优美之感,利用放射线表现奔放之感,利用斜线表现动态之感,利用圆形的线条表现流动活泼之感,利用三角形的线条来表现稳定之感等。摄影者应秉持诗人的思维与心灵,把现实生活中各类线条结构看作富有生命的对象,并将其融入艺术创作之中。

2．运用线条服务主题

不同瞬间的动体呈现的线条结构不同,其造型表现力也不同。动体的线条一般舒展流畅、刚劲有力,在高潮点附近拍摄有助于展现运动的力度与技巧;富有表现力的轮廓线条,其瞬间姿态会促使观众在想象中去完成动作的连续性;运用线条的排列组合有助于创设出相应的韵律;线条重复排列,其形状、疏密不同,就会产生不同的视觉节奏,或明快,或柔和,或急剧,或缓慢。拍摄时要注意,不能脱离内容单纯追求线条效果。

 思考与练习题

1. 如何利用各种构图形式进行艺术创作?
2. 如何将影调、色调融入摄影艺术作品的创作之中?

 摄影创作实训

1. 学习并运用各类构图形式创作摄影艺术作品,使之富有良好的视觉冲击力与艺术感染力。
2. 学习影调与线条知识,结合实际创作出富有一定主题内涵的摄影艺术作品。

人像摄影

本章学习目标

1. 了解影调及色调对人像摄影的影响,再运用到创作中,以增强人像摄影作品的艺术感染力。
2. 了解景别知识,能在人像摄影创作中根据需要拍摄特写、近景、中景、半身、全身等景别,为创设相应的意境服务。
3. 了解影响人像摄影作品成功的要素。

本章内容思维导图

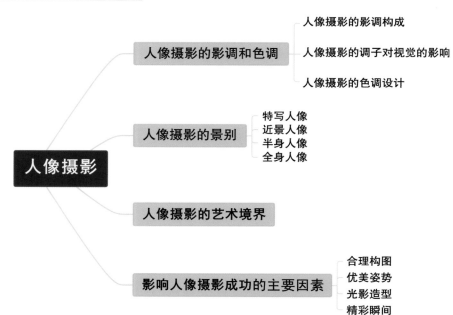

人像摄影是摄影艺术中的一个门类,是以人物为题材的专题摄影。人像摄影着力刻画人的面部相貌和精神状态,集中表现人的思想情感和性格特征,以达到形神兼备之目的。

人像摄影一般分为两种类型,一种是肖像摄影,大多数是在摄影室内布光拍摄;另一种是实景人像摄影,包括范围较广,在各种场合中均可拍摄。

第一节　人像摄影的影调和色调

一、人像摄影的影调构成

根据画面整体所呈现出的明暗倾向,人像摄影的影调可分为高调、低调、中间调。根据画面影像所呈现出的明暗层次,可分为硬调、软调、中间调。

1. 高调人像

高调人像的画面影调构成以亮调子为主,黑白摄影作品中以白、浅灰、中灰影调为主;彩色摄影作品中以白色、明度高的浅色和中等明度的颜色为主。整体作品没有明显的阴影,更没有投影,显得洁净、明朗、柔和(图6-1)。

在摄影室内拍摄高调人像,被摄者要穿白色或浅色的服装,以顺光布光为主,把照明光线产生的阴影和投影减少到最低限度。背景要明亮、干净、均匀,且为浅色,最好保留一点浅淡的层次,以便衬托出被摄者更亮的部位。背景可以用两盏散光灯从左右两侧均匀照明,其亮度可以控制在超出被摄者面部亮度两级至两级半。曝光时要以被摄者面部的亮度为基础,让面部曝光过半级。如在室外自然光下拍摄高调人像摄影作品,需利用阴天或雾天的散射光,拍摄时增加一级曝光。

图6-1 《梦中女孩》

图 6-2 《无题》

图 6-3 《情思》

2. 低调人像

低调人像的影调构成以暗调为主，黑白摄影作品中低调人像以黑、深灰、中灰影调为主；彩色摄影作品中以黑色、明度低的深色和中等明度的颜色为主。低调人像摄影作品能使被摄者的形象显得深沉、凝重。

在摄影室内拍摄低调人像，被摄者应穿深色服装，并使用深色背景。布光时，一般采用侧逆光或侧光，使被摄者面部阴影多些，光比宜控制在 1∶4—1∶6，依照被摄者面部亮面的亮度曝光。低调人像的背景不用灯光照明，让背景呈现全黑的效果（图 6-2）。

3. 中间调人像

中间调人像的影调构成既不倾向于明亮，也不倾向于深暗，给人的感受是既不偏于轻快，也不偏于凝重。中间调人像摄影作品包含深浅不同的各种影调，大多数人像摄影作品便属于此类（图 6-3）。

4. 软调人像

软调人像的画面影调配置比较朦胧，而且多半是中等明暗的调子（在黑白照片上是灰影调，在彩色照片上是中等明暗的色调）。整体影像比较轻盈、明快、清淡、愉悦（图6-4）。

软调人像的拍摄技巧是：尽量运用散射的柔和光线，光比要小，要避免画面中出现明显的深色调子。瞄准中间影调的部位测光，并根据其亮度曝光。同时，拍摄过程中，常常在相机镜头上加用柔光镜。柔光镜不仅可以使画面的调子柔化，也能使影调进一步变浅。

5．硬调人像

　　硬调人像是运用明暗两极的影调构成影像，光比大。拍摄时，将被摄者放在明亮的照明光线下或者在日光下进行（图6-5）。

图 6-4　《美丽人生》　　　　　　　　　　　图 6-5　《快乐时光》

二、人像摄影的调子对视觉的影响

　　调子即影调与色调的统称。明暗变化即影调的变化，是由被摄主体接受光线的多少及其本身的反光率形成的。黑白摄影与彩色摄影都有这种调子上的变化。色调是指色彩的变化，如红色或蓝色调。黑白摄影只有影调的变化，而没有色调的变化；彩色摄影既有影调的变化，又有色调的变化。高调人像作品给人明快清新的感觉，低调人像作品给人凝重深沉的联想。暖调的彩色人像作品往往会激起人们兴奋欢快的情感，冷调的彩色人像作品，则给人一种肃穆恬静的感觉。

三、人像摄影的色调设计

人像摄影作品的色调可由拍摄者进行设计,借助色彩感染受众。

1.暖调设计

色彩分为暖色、冷色、中间色。红、橙、黄等色彩称作暖色;蓝、青等色彩称作冷色;绿和紫两色被称作中间色。想得到暖调色彩效果可以利用红、橙、黄等暖色色调,给人热情、愉悦的联想(图6-6)。

图6-6 《清纯女孩》

2．冷调设计

用蓝、青等色彩构成人像摄影画面,会得到冷调效果,给人以恬静、闲逸等情感联想(图6-7)。

图6-7　《留影》

3．中间调设计

以绿色和紫色构成的画面会得到中间调效果(图6-8)。

图6-8　《快乐的小伙伴》

4. 对比色设计

对比色是指两种可以明显区分的色彩,包括色相对比、明度对比、饱和度对比、冷暖对比、补色对比、彩色和消色的对比等,如黄和蓝、紫和绿、红和青,任何色彩和黑、白、灰,深色和浅色,冷色和暖色,亮色和暗色等都是对比色关系。对比色设计是构成明显色彩效果的重要手段,也是赋予色彩以表现力的重要方法。对比色放在一起会给人强烈的排斥感。色彩的对比形式很多,有冷暖的对比、补色的对比等(图6-9)。

图6-9 《布坊记忆》

5. 和谐色设计

色彩的和谐指整幅画面上色彩配合统一、协调、悦目,可分为对比色和谐、邻近色和谐、同种色和谐以及消色、光泽色与其他色的和谐四种。在和谐色人像摄影作品设计中,将一些比较临近的色彩安排在一幅画面中,或者用黑、白、灰等消色去调和某些色彩,会得到色彩和谐的效果,使人感到舒展、安详、平静,这也是人像摄影中常用的一种色调设计方法等(图6-10)。

图6-10 《京剧艺术》

6. 淡彩设计

淡彩设计是用浅浅的、明度较高的色彩构成画面，如浅黄色、浅红色、浅蓝色等，给人轻快、淡雅的感受。淡彩画面有些近似高调彩色画面，但比高调彩色画面的调子略重一点（图 6-11）。

7. 重彩设计

重彩设计用色纯度高，色彩鲜艳。这种设计方法适宜用很浓的大块色彩（图 6-12）。

图 6-11 《淡妆》

图 6-12 《红衣少女》

第二节　人像摄影的景别

　　人像摄影的景别是指被摄主体的范围,分为特写、近景、中景、半身、全身等几种,拍摄中要以突显被摄者的主体形象为主,环境背景只起陪衬作用。

一、特写人像

　　特写人像指画面中只包括被摄者的头部(或有眼睛在内的头部的大部分),以表现被摄者的面部特征为主,让被摄者的面部形象占据整个画面,以使用中长焦距镜头为主(图6-13)。

图6-13　《幸福时刻》

二、近景人像

　　近景人像主要包括被摄者头部和胸部的形象,它以表现人物的面部相貌为主,背景环境在画面中只占极小部分,仅作为人物的陪衬,起到交代环境、美化画面的作用,以使用中长焦距镜头拍摄为主。拍摄近景人像时,要注意拍摄角度、光线方向、光线性质,并注意观察被摄者的神态,以掌握较恰当的拍摄瞬间(图6-14)。

图6-14　《快乐女孩》

图6-15 《幸福伴侣》

三、半身人像

半身人像的范围主要包括被摄者的头部至腰部或腰部以下膝盖以上，以脸部面貌为主。半身人像比特写和近景人像多了一些空间环境，能使构图更富于变化。此外，还可借助手的姿态和动作展现被摄者的内心状态（图6-15）。

四、全身人像

全身人像的范围包括被摄者整个身形和面貌，容纳环境更多，能使人物的形象与背景环境的特点互相结合。拍摄全景全身人像时，在构图上要特别注意人物和背景的结合，以及被摄者姿态的处理（图6-16）。

图6-16 《玫瑰之约》

第三节　人像摄影的艺术境界

人像摄影是集中表现人物形象的造型艺术,要做到形、神、情兼备。

形是指人的外表形态,人物之形可溢于外表,抓住形是基础,是真实、完美再现的关键;神是指被摄人的神态,神基于形之上,人内在的神支配着外在的形,要把人的眼睛作为再现神的重点;情是指被摄人物的情感,对被摄人物情的抓取,不要局限于其面部的表情,还可通过姿态和动作体现人物的不同情感,借助环境气氛也可达到效果。人物摄影中的细节,大多是指被摄人物的首饰、服饰以及各种陪体、前景和背景等,它是摄影画面中不可缺少的组成部分,有助于准确地表达人物的身份和性格(图6-17)。

图 6-17　《俊女俏男》

为了拍好人像,摄影者需做到:通过沟通与情感交流,缩短与被摄对象之间的距离;通过细致观察,筛选提炼出被摄对象的个性特征;通过精心设计与拍摄,创作出丰富多彩的人像摄影作品,并全面提升作品的艺术境界。

人像摄影的艺术境界主要体现为以下四个层次:

1.赏心悦目

赏心悦目是对人像摄影拍摄创作的基本要求,也是摄影师和被摄者共同追求的目标(图6-18)。

2.惟妙惟肖

拍摄者不仅要捕捉人物的形态特征,还要捕捉人物的眼神,这是使人像摄影惟妙惟肖的关键(图6-19)。

图6-18 《孤艳》

图6-19 《憧憬》

3．个性飞扬

人像摄影艺术作品的个性特征体现在两个方面：一是张扬被摄人物的个性；二是张扬摄影者的个性。无论是匠心独具的光影、别出心裁的构图还是大胆创新的镜头等运用，其目的都是使人像摄影作品产生强烈的视觉冲击力与艺术感染力（图6-20）。

4．诠释生命

人像摄影刻画了人物的灵魂，记录了一个时代的精神风貌，能给人以心灵的震撼。

图6-20　《时尚》

第四节　影响人像摄影成功的主要因素

人像摄影师要走出一条成功之路，拍摄出令人深受鼓舞的作品，应在富有视觉效果的构图、多样的姿势、精准的用光与精彩的瞬间捕捉上多下功夫。

一、合理构图

构图犹如一座建筑的骨架、一座城市的蓝图，良好的构图应均衡而不失活泼，新颖的构图给人以和谐、新奇、创新之感，能够把被摄人物的形、神、情生动地展现出来，使得画面更加动人。在专业人像摄影中，通常会采用中心对称式、前后互称式、轻重相托式、中实周虚式、环境烘托式、倾斜运动式、光影构成式、开放残缺式等形式多样的构图形式。

二、优美姿势

主体人物的拍摄姿势会影响到拍摄的成效。作为摄影师，要做好导演的角色，将被摄人物的积极性调动起来，引导其做好所设计的姿势。在人像摄影中，女性通常是主角，其姿势也多种多样：或端坐凝眸，或亭亭玉立，或低头遐想，或娇羞垂首，或抬头神思，或柔情万种……被摄者可借助桌椅、花草、门窗、雕塑等，以形式美感增强作品的审美情趣。

三、光影造型

光影是摄影师进行造型的基本语言，包括运用光线、选择光质、调节光比、安排光位，以便营造出空间感，抒发情感。一位摄影艺术家说："与其说我是一个摄影家，不如说我是个用光影抒情的诗人。"此外，还要注重色调的运用，以营造出鲜明独特的意境（图6-21）。

图6-21 《林间女孩》（肖敏婧 摄）

四、精彩瞬间

一幅人像摄影作品的成功与否，往往在于能否捕捉住精彩的"一瞬间"，能否展现出人物最典型、最美妙、最生动的那一瞬。抓取最佳瞬间，不仅要抓住人物的最佳表情、最美姿态，还要捕捉到人物的瞬间动态，定格住人像摄影的别样之美，以作品来演绎人生故事（图6-22）。

图 6-22　《花为媒》

 思考与练习题

1. 如何才能创作出富有良好艺术效果的高调、低调、中间调人像作品？

2. 结合实际创作出相应景别的人像摄影作品，并使之富有艺术韵味。

 摄影创作实训

1. 精心挑选好模特，尝试创作形、神、情兼备的人像摄影作品。

2. 分别拍摄创作高调、低调、中间调的人像摄影作品。

第七章

新闻摄影

 本章学习目标

1. 了解新闻摄影的内涵与特性,掌握新闻摄影的采访与拍摄技巧。

2. 掌握新闻摄影作品增强视觉冲击力的方法。

3. 了解优秀新闻摄影作品的评价标准。

 本章内容思维导图

新闻摄影的内涵

新闻摄影的特性

新闻摄影

增强新闻摄影视觉冲击力的方法
- 捕捉有效瞬间,提高信息含金量
- 捕捉象征性瞬间,渗透创作者情感
- 捕捉幽默瞬间,增强新闻作品新意
- 捕捉新颖瞬间,使作品胜人一筹
- 捕捉即逝瞬间,抢发独家新闻照片
- 捕捉表情动作,体现思想情感瞬间
- 提高抓拍能力,配合使用摆拍手段
- 尊重新闻规律,强化作品的视觉呈现

新闻摄影作品的意蕴与审美
- 意境的体现
- 新闻摄影意境的分类
- 新闻摄影意境的审美效果

新闻摄影作品的评价标准
- 从创作题材方面评价
- 从拍摄难度方面评价
- 从反映程度方面评价

第一节　新闻摄影的内涵

新闻摄影是运用摄影手段,以正在发生的新闻事实为内容,结合文字说明来进行的一种图片新闻报道形式。新闻与信息是新闻摄影的"内核",如果新闻图片中缺乏新闻含量,仅剩图片的"外壳",也就失去了应有的价值与意义。

摄影图片是新闻摄影传播信息的主要手段,它主要依靠抓拍完成,其宗旨是说明事件、传播消息等,一般都附有简短的文字说明来介绍事件发生的背景和过程等。

新闻摄影包含新闻和摄影两大要素,兼容了新闻和摄影的功能与属性,因而它既具备新闻的真实性、客观性和时效性等一般属性,又具备了摄影的形象直观性等特殊属性。

1842年年初,德国汉堡发生火灾,有人用银版法拍摄了火灾现场,这被称为新闻摄影之始。1880年3月4日,纽约《每日图画》用霍根照相铜版术印出了照片《棚户区风光》。1904年1月7日,英国《每日镜报》创刊,全用杂耍等类型的照片作为插图。20世纪20年代,由于传真术、照相制版术及纸张制作技术的改进,特别是小型相机的问世,使得新闻摄影有了发展的物质技术条件。1928年,德国萨洛蒙使用小型相机,利用室内光线,在不干涉被摄对象的情况下,抓拍了相关新闻摄影镜头,为现代新闻摄影奠定了美学与技法的基础,因此被誉为"新闻摄影之父"。1935—1955年,是画报的黄金时代,新闻摄影为画报、画刊提供了大量照片。20世纪50年代,电视普及之后,新闻摄影在报纸版面上的作用与地位受到重视,人们开始了对新闻摄影学的研究,新闻摄影成为新闻的一种重要体裁。

新闻摄影的价值,在于它是新闻事实的真实性与新闻形象的纪实性的统一。优秀的新闻摄影作品能把新闻价值、历史文献价值与形象的审美价值融于一体。新闻摄影坚持新闻真实性的原则,同时也讲究摄影技巧和艺术审美。

第二节　新闻摄影的特性

新闻摄影集新闻性、思想性、真实性、时效性和形象性于一身,能将新闻主体的情感浓缩在画面之中,给人以简洁、震撼之感,起到"一图胜千言"之作用。

蒋齐生先生曾提出新闻摄影应当"五求",即求新、求真、求活、求情、求意。这就要求新闻摄影既要有较强的新闻价值,又要有较高的艺术欣赏价值。新闻摄影要求在内容和形式上实现真善美的统一,让形象图片"说话",这样才会有较强的思想性和感染力,才会有震撼人心的效果。

新闻摄影的特性主要体现如下：

1．新闻价值

这是新闻摄影的第一要素,也是新闻摄影的主要特性。新闻摄影所报道的新闻事实必须具备新闻价值,主要衡量标准体现在重要性与价值性、新闻性与时效性等方面。

2．真实性

真实是新闻的生命,也是新闻摄影的生命之所在,它可用真人、真事、真场景和人物的真情实感来概括。

3．思想性

思想性体现在既要报道新闻,宣传党的方针政策、舆论导向,又要符合道德行为准则。

4．形象性

这是为反映新闻内容来服务的,新闻摄影必须通过可视形象来进行报道。摄影者将瞬间的形象凝固在新闻摄影作品上,传递出新闻信息。

5．时效性

这是新闻报道的基本特性。发挥新闻的时效性不仅能赢得受众、争取主动,而且能增强新闻的传播效果。新闻摄影作品在报道正在发生的新闻事实的过程中,必须体现出时效性。

6．典型性

典型性主要是对当前社会生活中出现的具有鲜明个性特点的人和事件予以报道,主要包含典型事件、典型形象、典型瞬间三个方面。

7．导向性

导向性即新闻对读者的引导性,包括向读者传播什么、在什么时间传播和传播什么内容等。坚持无产阶级党性原则,是从事社会主义新闻工作的基本原则。新闻作品传播信息时要体现出舆论宣传的导向作用,而舆论导向在新闻报道中永远是第一位的。不论是突发性新闻、国际时事、文娱体育报道,都与"主阵地"密不可分,是"主阵地"的扩展、烘托和支持,都应坚定不移地坚持正确的舆论导向。

8．现场感

现场感即新闻事件现场在记者和观众心里引起的主观感受。要想把握好现场感,就需深入新闻事件的现场,把采访、拍摄过程中产生的现场感受和最能体现新闻事件本质的图像反映出来,传达给观众,以引起其共鸣。新闻摄影的现场抓拍应以正面反映事件为主,要体现出强烈的现场感,不能因追求艺术效果而做有损于事实的报道。在现场采访拍摄中,要深入实际,认真了解和掌握现场正在发生的新闻事实,以高度的新闻敏感性及时抓住最能反映新闻事实本质的瞬间。

第三节　增强新闻摄影视觉冲击力的方法

读图时代,图像的传播得到愈来愈多人的认同。新闻图片以前所未有的真实感和生动感给人带来强烈的视觉冲击力。

视觉冲击力是由吸引力、感染力、说服力与震撼人心的效果构成的,强化新闻摄影作品视觉冲击力的方法如下。

一、捕捉有效瞬间,提高信息含金量

新闻摄影主要以瞬间形象来揭示新闻事实、传播新闻信息。新闻照片所浓缩的信息越多,新闻价值就越大。比如,在荷兰,当一次车祸发生时,德新社和美联社的两名摄影记者同时在场。德新社记者拍摄了一辆汽车撞到墙上并穿楼而出的瞬间。美联社记者拍摄的则是这辆汽车穿出楼后与迎面开来的另一辆汽车相撞的瞬间。结果,多数报纸采用了美联社的照片。因为美联社记者的照片不仅反映了汽车撞墙穿楼而出的情节,还交代了穿楼而出后与另一辆车相撞的结局,信息含量更大。

在新闻摄影中常常会发现这样的现象:有的新闻照片似乎并没有包含多少信息含量,但同样倍受读者青睐,原因何在呢?新闻照片的信息含量包括两个方面:事实信息含量和情感信息含量。一些新闻照片尽管事实信息含量不大,但情感信息含量大,所以同样受人欢迎。如我国著名摄影家解海龙拍摄的《我要上学》系列组照中的一幅大眼睛小女孩苏明娟的照片("希望工程"标志性照片),就是一个典型的例子。这幅照片与组照中的另一幅照片《全校师生》相比,其所包含的事实信息含量显然要少得多。在《全校师生》中,乡野背景、大碾盘、穿中式制服的乡村教师和孜孜以求的孩子们等影像,浓缩了贫困山区儿童学习的种种特定信息,而这幅《我要上学》的纪实照片却包含有更多的情感信息,小姑娘的美丽与贫困地区险恶的环境形成了鲜明对比,小姑娘的大眼睛里透露着天真、纯朴、执着和希望,像探照灯一样逼视着受众的良知和灵魂,强烈地冲击着受众的心灵,让人无法逃避。

二、捕捉象征性瞬间,渗透创作者情感

新闻摄影的画面形象常常表露出某种寓意,渗透着摄影记者的主观认识和思想情感。这种瞬间形象虽不一定能把所要传递的信息全部直观、清楚地呈现在画面上,但可依靠调动观者的"再创造"、引起受众深层次的思索来补充完成,其信息容量更大,新闻价值更高,也更富有新意。如报道乌干达干旱灾难的新闻照片《乌干达干旱》,虽然没有正面详细描述灾难,只是选取灾难中最具象征性的一角来展现灾难情景,却以其新颖独到的视角,获得了极佳的效果。

作品表现了白皙宽厚的手掌与一只似鸡爪的黑人少年小手相握的情景,用干枯瘦小的手掌来象征乌干达干旱的恶果,突出了作品所要表达的主旨。

此外,象征性瞬间不追求反映事件的全貌,只是把事件中最深刻、最具有象征性的一角、一部分显现出来,让人窥一斑而知全豹。这为摄影者拍摄出富有新意的画面提供了广阔而自由的空间。

三、捕捉幽默瞬间,增强新闻作品新意

很多新闻事件在发展过程中往往不乏幽默瞬间。这是一种表面上似乎与事件的意义、本质无关或关系不大,但实际上是从另一角度反映事件意义、本质,且又能启人心智、令人轻松愉快的瞬间。捕捉幽默瞬间,是增强新闻作品新意的重要途径。

四、捕捉新颖瞬间,使作品胜人一筹

在新闻事件发生的现场,摄影记者或摄影师要想方设法采摄到新闻事件中让人耳目一新、与众不同的瞬间形象。这种瞬间通常以画面的新颖、独特见长。新闻摄影所面临的题材中,有一大部分是程式化、很少变化的题材,如体育比赛中的颁奖仪式等。捕捉新颖瞬间能让摄影者在众多的竞争对手中胜人一筹。如胡越拍摄的《新纪录诞生》便是一个很好的例子。我国跳高运动员朱建华在第五届全国运动会上,以2.38米的成绩打破了男子跳高世界纪录,在全场观众的热烈欢呼中,朱建华绕场一周,向观众致意。此时许多摄影记者纷纷涌上前,追随拍摄,胡越则冷静地站在看台上,拍摄了热情激扬的观众和跟随拍摄的体育记者们,前面是朱建华向观众致意,这个画面角度非常新颖,让人耳目一新。

五、捕捉即逝瞬间,抢发独家新闻照片

富有新意的新闻照片常常是新闻现场的独家照片,拍摄者必须充分做好采访与拍摄准备,对新闻现场的情况要仔细观察,做到心中有数。《中国青年报》记者刘占坤拍摄的独家新闻照片《9·23北京不眠之夜》就是一个典型的例子。这幅新闻照片的内容是当时任奥委会主席萨马兰奇宣布奥运会主办地之时,在北京电视台"9·23北京之夜"直播现场,人们神情各异,或惊异或希望或迷惑的那一瞬间。这幅照片拍摄的成功,无疑得益于事先对现场全面仔细观察。

六、捕捉表情动作,体现思想情感瞬间

表情、动作是人物内心情感的外部表露,是揭示人的精神、气质和性格特征的关键所在。动作是新闻摄影用来"说话"的最基本的形象特征,用动作表现人物的个性特征,需与人物的思想感情联系起来,通过人物表情和姿态显现的情绪,把人物的思想情感表现出来。

七、提高抓拍能力,配合使用摆拍手段

新闻摄影通常以抓拍为主,也可适当运用摆拍手段。中国摄影家协会顾问、中国日报社高级顾问王文澜曾言:"从'荷赛'的照片来看,有很多都是经过摆拍、设计、策划的,比如美国莎拉·里恩的一幅获得世界新闻摄影比赛二等奖的《硅胶脂面膜》,不仅丝毫没有影响照片的真实性与新闻事件的可靠性和可读性,反而通过画面的设计,提高了冲击力。不管你用什么方法拍摄,达到画面的效果才应是成败的标准。"

八、尊重新闻规律,强化作品的视觉呈现

新闻摄影的镜头感有三个衡量标准:一是新闻摄影能够呈现人物的内心世界;二是新闻摄影能呈现新闻发生的背景及其环境;三是新闻摄影有富有冲击力的摄影构图。

第四节　新闻摄影作品的意蕴与审美

一、意境的体现

王国维认为,意境是真实性的体现,即情真、景真。如此看来,意境首先要求的是情感真实、景物真实。

1.新闻摄影的意境

新闻摄影是以视觉形象表现的形式来承载信息的,新闻摄影的意境蕴含着人类对理想的追求,包含了人类对真、善、美追求的思维意识。具有重要内涵而又高度概括的标题与文字说明,对大众解读新闻摄影作品蕴含着的信息起着重要的引导作用,这种作用是直接的、快速的、深层次的,这便是意境在新闻摄影作品中的体现。

新闻摄影的意境具有真实新颖、情景交融、虚实相生等特征。这些立意新、角度新、视觉新的新闻摄影作品能够体现出大众求新、求异的审美心理需求。

2.艺术审美的意境

情真、景真是意境的真实特征,情景交融是意境的形象特征,虚实相生是意境的结构特征,韵味无穷是意境的审美特征,这些使得新闻摄影的意境之美得以充分体现。景中藏情、情中见景,正是意境美的呈现;虚实相生,是相互依存的关系,从表象上看,体现的是一种审美效果;从思维上看,它蕴含着审美意识。

二、新闻摄影意境的分类

新闻摄影意境分为整体意境与局部意境、有我之境与无我之境两类。

1. 整体意境与局部意境

新闻摄影作品的整体意境是构成新闻摄影主题表现的重要形态,也是新闻摄影表现的主要特征。整体的统一性和完整性是体现新闻摄影内容的主要表现形式。从局部意境开始到整体意境的形成,是新闻摄影表现的必经过程,因而整体意境的体现受到局部意境的制约。从新闻摄影画面形式表现的角度来看,画面形式表现的原则只能有一个主体,其他都是局部的陪体,因而局部意境的形态组合是体现整体意境的重要因素。

2. 有我之境与无我之境

王国维在《人间词话》中说,意境分"有我之境"与"无我之境","泪眼问花花不语,乱红飞过秋千去",为"有我之境";"采菊东篱下,悠然见南山",为"无我之境"。新闻摄影意境的"有我之境"体现在理性、感情、个性的统一,且主观意识比较突出,这实际上是显现在画面上的意境之美。新闻摄影意境中的"无我之境"是情感蕴含之境,具有隐晦、表面不显之效。"无我之境"蕴含着一种只有凭感觉才能体验到的情怀,是一种人与景化为一体、物我两忘之境。新闻摄影意境的体现,既是对主观意识的深藏不露,又是对情感的意会。"有我之境"与"无我之境"都是在新闻摄影的真实性原则下所展现的意境表现方式。

三、新闻摄影意境的审美效果

在新闻摄影意境体现中所产生的"所见者真""所知者深"的审美意境,是获得良好审美效果的必备条件。新闻摄影在带给受众"沁人心脾""豁人耳目"的同时,也带给了受众内蕴持久、灵深远阔的审美之效。

1. 内蕴持久的审美意境

从新闻摄影的角度来看,优秀新闻摄影作品的艺术魅力是内蕴持久的,且具有强烈的吸引力、感染力和震撼力。

新闻摄影作品通过塑造典型事件、典型人物,达到画面表现形式、内容、意境的统一,具有强大的吸引力,有助于唤醒和激发受众的真实情感,使得新闻摄影作品成为舆论的中心、关注的焦点。如我国著名摄影家吴印咸于1939年拍摄的新闻摄影作品《白求恩大夫》,在几代人心中扎下了根。时至今日,作品仍带给人感染力与震撼力。其产生的内蕴持久的艺术魅力是由新闻摄影意境所蕴含的真实情感所决定的。景真、情真是新闻摄影意境产生艺术魅力的首要条件。《白求恩大夫》之所以能感人,就在于它真实地反映了真人真事,抒发了真实情感。作品中表现的白求恩大夫抢救伤员的场面对人们具有极强的感染力和震撼力。

新闻摄影意境的产生,要求作品不但要有真实性,还要有新颖性。真实性与新颖性的完美统一,有助于更好地体现新闻摄影作品的意境。新闻摄影作品形象新颖,能对受众产生强烈的吸引力,容易给受众留下思索和想象的空间。如在1948年冬至1949年春,布列松访问中国时抓拍的《苦难的眼睛》,画面呈现的是在南京市民买米队伍中的一个愁容满面的男孩,体现了当时人民的悲惨和苦难,作品有着丰富的内涵,其真实与新颖的视觉表现使作品产生了内蕴持久的意境。

2．灵深远阔的审美空间

对审美空间的直接理解就是在新闻摄影表现形式上留白，让人产生想象与联想。画面中留白所产生的引导力是非常活跃的，它引导人产生联想，在新闻摄影中留有一定空间，从而产生丰富的审美意境。新闻摄影者把灵感物化在新闻摄影作品中，蕴含了新闻摄影者的审美理想与对信念的追求，它是对真善美的呈现，是心灵之美的体现。

第五节　新闻摄影作品的评价标准

融合东西方相关评价标准，新闻摄影作品的评价标准可以表述为"一个前提"和"三方面评价"。一个前提指新闻摄影作品内容要符合真实性前提，三方面评价是从创作题材方面、拍摄难度方面和反映程度方面进行评价。

一、从创作题材方面评价

优秀新闻摄影作品题材评价标准是：在评价范围内越具有影响性，比如属于大众热点或者焦点，则新闻价值越高；在评价范围内越具有典型性（或示范性），则新闻价值越高；在评价范围内越具有新鲜感（或奇特感），则新闻价值越高。以迈克·威尔斯1980年拍摄的摄影作品《乌干达干旱》为例，画面中一只白人的健康的手与一只黑人的干瘦得像小爪子一样的手握在一起，拍摄者用强烈对比来表现发生在乌干达的旱情。作品以小见大，以一个特写画面来反映当时社会的一个焦点问题，震撼了无数善良的受众，震撼了每一位评委，更为受灾的非洲募捐到数以亿计的善款。

二、从拍摄难度方面评价

在评价范围内拍摄难度越大，新闻价值越高。拍摄难度不仅指拍摄的艰难程度，还指难以获得的拍摄机会，以及难以拍好的程度。在西方，一些新闻摄影对于拍摄难度的评价，甚至可以超越其他评价标准，这是因为越是难以拍到的画面，越能吸引受众，获得好评。如战争中的死亡场面、刺杀总统的场面、飞机爆炸或轮船沉没以及自然灾难突然降临的各种瞬间画面，都是极难拍到的。这些极难拍到的新闻摄影作品，尽管画面不够清晰，构图或用光等技艺不太完美，却几乎瓜分了西方新闻摄影比赛的所有大奖。如亨利·塔斯克拍摄的反映沉船瞬间的摄影作品《再见吧，多丽亚号》，在1957年获得了普利策新闻摄影奖。1956年7月25日，斯德哥尔摩的船首撞上了安德里亚·多丽亚的右舷指挥台。7月26日上午，安德里亚·多丽亚停止转动的螺旋桨举向天空，然后沉到深水里去……1 600人获救，51人沉入大海（图7-1）。

图 7-1 《再见吧,多丽亚号》(亨利·塔斯克 摄)

三、从反映程度方面评价

1. 反映的完整性评价

反映的完整性评价,要求拍摄者相对完整清晰地拍到被摄主体。此外,还要求新闻摄影作品在结合标题或文字说明后,能基本反映出新闻要素中的时间、地点、人物、做什么、为什么。

2. 反映的感染力评价

新闻摄影作品具有感染力,是新闻摄影作品获得肯定的一项重要标准。中国自古就有"远取其势,近取其神"的说法,感染力评价实际上就是对于新闻摄影作品是否"传神"的评价。以法国摄影家福尼尔拍摄的摄影作品《奥玛伊拉的痛苦》为例,画面反映的是一位被死神召唤的、浸泡于火山灾难废墟液体里的女孩。女孩那双能刺入读者灵魂深处的大眼睛,夹杂着哀求、呼救、绝望的眼神让受众心灵受到极大的震撼,作品获得 1986 年世界新闻摄影比赛大奖,让受众对火山爆发等自然灾害有了刻骨铭心的记忆。

3. 反映的美观性评价

在美学层面上,新闻摄影作品要有足够的动态感觉和空间表现,以及有良好的视觉冲击效果和感染力。反映的美观性评价要求新闻摄影作品在曝光、构图、用光、对比设计、幽默感等方面有突出表现。如吴印咸的《白求恩大夫》,在用光、构图方面都十分讲究,而且被摄主体和陪体的动作也抓拍得恰到好处,环境交代得简洁明了,反差和影调十分到位。

4. 反映的技巧性评价

反映的技巧性评价,虽然不是特别重要,却是不可忽视的。特别是在一些镜头密集、竞争非常激烈的重大题材现场,为显示出拍摄的艺术个性,技巧的运用和发挥就显得十分重要。如在大型运动会上拍摄各种运动场面,要表现出运动员的精彩瞬间,除了要有瞬间抓拍的能力,还要有诸如追随、慢门等不同技巧的合理应用。当技巧用得恰到好处时,反映运动的新闻摄影作品就会比较完美、动人。

5．反映的及时性评价

反映的及时性评价要求新闻摄影作品应在受众有普遍兴趣接受的时间范围内发表(或进行评比)。在绝大多数情况下,新闻摄影作品的发表都是越快越好,越快越有价值。但在特殊情况下,发表的时机也会根据特别需求选择滞后。

6．反映的创新性评价

在创新的层面上,新闻摄影记者要创造性地使用技术手段,在做到真实性、准确性和时效性的基础上,使得构图新颖、标题画龙点睛、文字说明生动感人等。

 思考与练习题

1. 如何才能拍摄出富有强烈视觉冲击力的新闻摄影作品?
2. 如何能让所拍摄的新闻摄影作品更具典型性与瞬间性?
3. 如何才能抢拍到富有较大新闻价值的新闻摄影作品?

 摄影创作实训

1. 挖掘新闻素材,深入采访、拍摄系列新闻摄影作品。
2. 拍摄一组专题新闻摄影作品,并撰写文稿。

广告摄影

本章学习目标

1. 了解广告摄影的功能与特征,掌握广告摄影的拍摄技法与技巧。
2. 掌握广告摄影的构图与用光技巧,提升广告摄影的创意能力。

本章内容思维导图

```
                          ┌─ 广告摄影的概念
              广告摄影概述   ├─ 广告摄影的功能与特征
                          ├─ 广告摄影的发展
                          └─ 广告摄影在数字时代的作用

              广告摄影的构图与用光  ┌─ 广告摄影的构图
                               └─ 广告摄影的用光

  广告摄影                                ┌─ 食品广告的拍摄技巧
              广告摄影的拍摄技巧与表现方法   ├─ 日用品广告的拍摄技巧
                                        ├─ 金银珠宝等饰品的拍摄技巧
                                        └─ 饮料、酒类及透明玻璃体的拍摄技巧

                          ┌─ 广告摄影创意的必要性
              广告摄影的创意 ├─ 创意在广告摄影中的地位与作用
                          └─ 广告摄影的创意及表现方法
```

第一节　广告摄影概述

一、广告摄影的概念

广告摄影是以商品为主要拍摄对象的一种摄影,通过反映商品的形状、结构、性能、色彩和用途等特点,引起顾客的购买欲望,它是传播商品信息、促进商品流通的重要手段。广告摄影作品追求审美情趣与技术技巧的完美统一,在设计与创意上讲究标新立异,在内容与题材选择上重在体现时代特征,它已成为现实生活中的一面镜子,成为广告传播的重要手段。广告摄影创作既可突出商品本身最引人注目的地方,也可通过突出商品的品牌名或商标来达到宣传目的(图8-1)。

图8-1 《巧克力广告》(杨运 摄)

广告摄影作品既能真实地反映商品的形象、性能、特征,又能使商品富有艺术感染力,因而兼具商品和文化的双重特性。广告摄影画面具有简洁、明快、易引起注意和易于记忆的特点,使观者在接受形象的一瞬间,即可选购商品。

二、广告摄影的功能与特征

广告摄影的功能是为了宣传商品的形象,介绍商品的特点,引起消费者的购买欲。在商品竞争十分激烈的时代,优秀广告摄影作品是增强产品竞争力的重要法宝。

1.以传达信息为主要功能

广告摄影也被称为信息传播艺术,它以追求实际传播效果为目的,具有十分明确的市场目标和宣传目的,主要针对目标市场和目标用户而拍摄制作,注重实效性,因而必须要能清晰、准确地传达出商品的信息。

2.讲究实用功利性

广告摄影的目的在于吸引人们的注意力,引起人们对商品的购买欲,其实用功利性十分明确(图8-2)。

图8-2 《艾知道广告》(2017年度江苏省数字媒体作品竞赛三等奖) （周蕾 摄）

评价广告摄影的标准是整个广告推广活动终结时的结果，经济效益和社会效果是检验广告摄影效果的标准。不管在艺术上多么精湛，只要作品缺乏"推销"的力量，就不能算是一幅优秀的广告摄影作品。

3. 具有较大的约束性

从摄影者的角度来看，广告摄影创意构思被商品广告宣传策略与内容所制约，具有较大的局限性，广告摄影讲究呈现商品的个性和风格，创作者的个性风格需隐藏在其后。广告摄影还要考虑商品的不同消费层次，并针对不同层次的消费者进行创作，要求技术和技巧的运用做到尽善尽美，因为画面上任何微小的疏忽和失误都可能导致顾客联想到商品的质量，使顾客对商品产生不信任感，从而影响商品的销售。优秀的广告摄影作品能以传播商品信息为主要动机，迎合消费者的情趣，最终达到宣传促销之目的(图8-3)。

图8-3 《公共自行车》（钱辉 摄）

三、广告摄影的发展

广告摄影在 20 世纪发展起来,其形态随着印刷媒介制版技术的发展而不断趋于完善。如今,广告已成为传递商品信息的有效途径,商家通过广告宣传商品,消费者通过广告了解和寻求合适的商品。随着摄影技术的发展,摄影作品的实证性和展示细部的视觉效果,极大地提高了广告摄影画面的可信度。近年来,全球对于广告摄影的需求量急剧增加,广告摄影的交易市场也日趋扩大和规范。据有关资料显示,世界广告摄影行业产值的总和早已超过其他所有摄影行业的产值总和。随着数字信息化的普及,众多行业对广告摄影的需求也在日趋增长,它已逐渐成为当今受众获取信息的最有效媒介之一,未来发展空间非常大。

四、广告摄影在数字时代的作用

在汹涌澎湃的经济大潮中,各类广告争奇斗艳,令人目不暇接,广告摄影也无处不在。与其他媒体相比,广告摄影的直观性、传播效果和美感皆胜一筹。在当今多种媒体接轨、多种技术融合的数字时代,广告摄影的传播优势和传播效果愈见明显。

第二节 广告摄影的构图与用光

一、广告摄影的构图

1. 构图的目的与任务

广告摄影的构图主要是通过组织画面或进行画面布局,以达到最佳的广告造型效果之目的。摄影师通过摄影造型手段,对被摄商品进行构图,以揭示广告主题,达到广而告之的目的。其任务就是呈现商品,更好地表达主题内容。

2. 构图的基本要求

广告摄影构图的基本要求是简洁、完整、生动、稳定。

简洁是要求画面一目了然,主体呈现鲜明简练;完整是要求广告主体在画面中给观众完整的视觉印象;生动是要求拍摄者抓住典型瞬间;稳定是要求画面均衡、稳定(图8-4)。

图 8-4 《铅笔广告》
（唐冰清 摄）

二、广告摄影的用光

1. 常用光线

通常使用自然光和人造光拍摄，以充分体现出商品的质感。光线设计主要包括主光、辅助光、轮廓光、背景光与修饰光等几种。

2. 被摄体分类

在广告摄影中，一般依据光线被材质反射、穿透或吸收的情形不同，将被摄体大致分为吸光体、透光体和反光体三类。

吸光体是指不反光或不透明的物体。这类商品是最常见的广告摄影对象，如木制品、纺织品、纤维制品及大部分塑料制品等，在光线投射下会形成完整的明暗层次。

透光体是指可以透过光线的物体，主要指各种玻璃制品和部分塑料器皿等，其最大特点是能让光线穿透其内部。可将其放在明亮的背景前，商品以黑色线条显现出来，或在深暗背景前，商品以浅色线条显现出来。

反光体主要是指银器、电镀制品、搪瓷制品等一类物品，对光线反射作用强烈，一般不会出现柔和的明暗过渡现象。对这类商品的布光一般采用大面积散射光源，布光的关键是把握好光源的外形和照明位置，反光物体的高光部分会像镜子一样反映出光源的形状。

第三节　广告摄影的拍摄技巧与表现手法

现代广告摄影拍摄对象包罗万象、种类繁多,其所涵盖内容从宏观到微观,从璀璨夺目的商品世界到丰富多彩的社会生活无所不包,仅从主题创意设计、画面表现形式、实现手段与表现手法等诸方面就有千差万别。现从常见广告摄影题材的特点与表现特征入手,分别从基本拍摄方法、用光要点、技术技巧、注意事项、适宜的表现手法等方面,对商品拍摄进行阐述。

一、食品广告的拍摄技巧

食品广告摄影作为商业用途中拍摄频率较高的一大类,也是公认较难拍摄成功的题材。

1．明晰食品广告摄影的目的

食品广告拍摄的目的主要是引起受众的食欲与消费欲。拍摄创作过程中,要注意商品色与质两个关键要素的体现,它们可通感嗅觉与味觉。因此,拍摄中要着重在商品的颜色与质感上下功夫。如刚刚烘烤出炉的面包,色调应为渐变过渡的暖色调,质感应为颗粒状的膨松与细软(图8-5)。

图8-5　《面包》（卢丹丹 摄）

拍摄中,主体食品的摆放要注意其立体感,陪体物品的摆放如刀叉、餐巾等,要以增强视觉审美为宗旨,以增强美感。另外,画面氛围与情感传达应给人以洁净、自然、真实与亲切的感觉,以提升受众对其的好感与信任感。构图宜简不宜繁,色调应洁雅、清新。

作为辅助餐具如碟、盘、碗、叉、茶杯等,应保持洁净,不应有污点与瑕疵,拍摄前应精心挑选、仔细擦拭,以确保拍摄效果(图8-6)。

图8-6 《杯子》(何婷 摄)

2. 布光要求与器材选用

按质感分类,食品广告商品以吸光类居多,少部分为反光类。对吸光类食品拍摄,应使用柔而软的方向性主光照明。表面质感粗糙的食品,用光可硬一些,表面质感较细滑的,用光应相对软些。使用最多的为柔光照明,可降低画面反差,使之不会有明显的暗部与投影。偏重于反光类的食品,比如表面光洁度很高的蔬菜、水果等,主光最好使用均匀的柔性光源,以突出其质感,如能恰到好处地使用轮廓光与装饰光,则为点睛之笔。画面的色调表现也应注意,主体食品的色彩不能过分夸张,整体画面的色调氛围应依据拍摄对象的不同做相应的定位,如冬天常食的煎炸、烧烤一类食品应偏暖色调,而夏天的清凉食品应偏冷色调。

3. 食品广告摄影的拍摄技巧

为美化并增强拍摄效果,对于煎炸、熏制的食品,在拍摄前可涂上一层食用油脂,以增强拍摄效果。此外,可选择相应的替代品拍摄相关食品,如用土豆泥染色代替冰淇淋可防受热融化,用剃须膏做蛋糕上的奶油花可防变形。这样,在保证拍摄物品质感的同时,也能将拍摄成本控制在一定范围之内。

二、日用品广告的拍摄技巧

用于广告摄影的日用品种类繁多,有提袋、鞋帽等个人生活用品;有塑料盆、瓷质碗碟、不锈钢锅、化妆品等家居生活用品;有电视、冰箱、洗衣机、空调等家用电器用品。

1. 个人生活用品的拍摄要求

在拍摄个人生活用品时,要能在构图中突显其个性装饰,必要时,呈现其内外结构等。为展现其造型,要考虑物品的体积感呈现,布光设计中要根据拍摄主体表面的质感特点而定。表面光亮或亚光的物体用光应软而柔,且面积要大。皮毛之类较粗糙的吸光类的用品用光可稍硬,面积要窄,并适当限光。手表之类的物品,表面为反光很强的材料,拍摄时布光要尽可能均匀柔和,以消除反光,再现其表面质感。此外,还可以专门利用微光系统进行布光拍摄(图 8-7)。

图 8-7 《手表广告》 (沈思晴 摄)

对于内外结构与表面肌理相差较大的,布光时应注意同时兼顾,若有装饰物可使用装饰光源,以突出装饰品的细微之处。影调宜明亮,应以高调与中灰调为主。色调应偏淡雅、精细,画面构成在突出体积感、空间感的同时,不能有太浓重的投影。拍摄中多使用中长焦距镜头,在表现正常透视的同时使主体突出,构图饱满。

2. 家居生活用品的背景设计及个性体现

家居生活用品由于造型固定,外形简单,变化不大,个性特点不易突出,如盆、碗等,其外形、花色基本大同小异。拍摄时对其背景的设计至关重要,任何有利于主题表现的创意背景都可尝试,以达异曲同工之效。可使用效果光源体现商品的个性化特征。材质方面,除不锈钢表面为强反光之外,其他塑料、瓷器均为弱反光物品。一般主光使用大面积的散射光,或利用反光板照明。对于不锈钢一类的餐具,最好使之得到更均匀柔和的照明效果,同时可配合小型反光板局部制造高光。而对于透光与半透光的磨砂玻璃与塑料,主光应使用逆光或侧逆光,以透射的方式照亮主体,突出其质感,前方用反光板补光。表现家居生活用品,自然、真实是提高其可信度与信誉度的基础,中长焦距和标准镜头都可使用。

3.家用电器的透视效果与质感体现

家用电器体积相对较大,如冰箱、多媒体组合音响等。拍摄的关键点是如何正确解决其透视问题。既要显示出多个立面,以突出立体感与体积感,又要使其透视效果正常,不宜有明显的夸张或者变形。而对于组合型的商品,要兼顾远近物体的相对位置与大小。家电产品表面材质最常见的为压膜塑料、镀漆金属,造型设计应突出人性化、个性化。宜选用较大型的柔光箱加反光板拍摄,布光时注意处理好角、线与面的转折,过渡不能突兀,应有一种渐变的微妙与细致,必要时可用装饰光修饰有特点的局部。

三、金银珠宝等饰品的拍摄技巧

金银珠宝等饰品材质大多为金、银和宝石,价格昂贵,种类繁多,造型复杂多变,且体积较小,布光与拍摄难度较大。

1.拍摄应体现个性化特征

对于金银珠宝饰物,应注重表现其精致、昂贵、巧夺天工或浑然天成。用光应着重突出其熠熠生辉之效。拍摄时要从这些饰物在构图中的位置、所占面积的大小着手,特别要在影调上下功夫,以突出珠宝本身的价值与艺术美感,构图上突出其个性化特征。比如拍摄宝石,要体现其本身特有的色泽,背景的色调应尽量单一、浅淡。金银饰物的拍摄,通常利用高调或高反差的线条体现商品造型的美感。

2.金银珠宝等饰品的布光要求

依据拍摄对象的造型特点布光,比如宝石类首饰,棱角分明,且有多个块面,只有方向性明显的照明才能呈现其最绚丽的一面。拍摄一般金银饰品,一束柔和的主光源外加必要的反光板即可。对于造型非常复杂的首饰,就要使用到凹面镜,以聚光照亮其难以布光的部位,追求高反差效果时可采用侧光进行硬光照明。在拍摄宝石时,通常使用柔光表现其细腻的质感。条件许可时最好使用微光系统对珠宝首饰布光,常规光源由于辅光面积过大,很难控制布光效果。

3.器材的选用及拍摄技巧

珠宝首饰体积较小,对色彩与质感还原的要求较高,常采用专业的微距镜头拍摄。而微距镜头景深极小,因此布光亮度不能太弱。珠宝首饰如果直接放在背景上,会被背景的色彩映照,不利于整体造型的刻画以及立体感和空间感的体现。可用很细小的硬质物品连接首饰与拍摄台面上的背景,使首饰远离背景。与首饰的连接使用粘接的办法,使之与背景隔离。可将首饰放在透明或半透明的无色玻璃或乳胶板的台面上拍摄,这样布光方式更加灵活。曝光要特别注意不能过,可略欠曝 1/3–2/3 EV,能使自然光的色彩更趋饱和。

四、饮料、酒类及透明玻璃体的拍摄技巧

将饮料、酒类及玻璃体归于同类是因为它们具有相同的质感特点,均为透光类物体,有着相似的布光方法,且拍摄手法与成像要求也极其相同。

1．基本布光方法

透光类物体材质大多为有机玻璃、水晶、透明玻璃或是透明塑料。用光宗旨应突出其玲珑剔透的透明质感,并由此体现出其优美造型及其色泽、图案、纹样。主光使用穿透光,水平光位逆光、侧逆光,在背景的衬托下,勾勒其轮廓形状,并再现透明质感。有时也使用顶光或底光作为主光,主体前方用反光板适当补光,以表现背光面暗部的层次与纹理。酒类、饮料的标签部位可另使用装饰光源或反光板照亮,但应限制光域。表现容器内部带有色泽的液体时可使用小面积、相应色泽的反光板,以一定角度侧立在容器后或适当位置映照,以进一步强调其液体的质感与色泽。

2．两种常用的布光法

(1) 亮背景暗线条布光法。在明亮的背景下,被摄体的轮廓以暗线条的形式体现出来。以适度宽窄的黑线条勾勒被摄商品优美的轮廓造型,适合外形优雅、线条流畅简洁、透光性较好的商品,画面呈现高调效果。这种布光法的关键在于使用浅色调的背景,且透明物体距离背景要有一定距离,用较硬的小面积光束照亮背景。暗线条的粗细同透明物体的壁厚有关,其反差的控制由投射光的强度与发光面积决定。强度越强,光域的直径越小,反差越大。这种照明方式仍可使用反光板在正面补光。

(2) 暗背景亮线条布光法。由深暗的背景衬托被摄商品明亮的线条,有利于表现具有一定厚度的透明商品,它利用光在透明介质边缘的反射原理来实现。该布光法的关键点在于使用深色调甚至全黑的背景,且透明体距离深色背景较远。用较大面积柔和的软性光源,如柔光罩或加了扩散屏的泛光灯,从被摄体的侧后上方,逆光或侧逆光对称照明被摄体,也可使用大面积顶光照明,其结果可使透明体的两侧边缘和顶部产生连续的反光。这种照明方式所得到的明亮的轮廓线可以是不对称的,仅从一侧布光,另一侧无光源或仅使用反光板。表现暗背景时,为防止布光中的光线投射到背景上,应使用限光设备确保背景深暗。

3．相关表现手法的运用

利用暗线条表现时,若某处不能通过调度光源得到理想的暗线条效果,可用墨笔细致勾画,以假乱真。要强化布光难以达到的亮线条效果时,可在被摄体的两旁增加形状大小适宜的强反光物,利用主光源的漫散射光在边缘形成条形高光,或者使用强而窄的硬性小面积的装饰光源直接照射物体边缘,也可产生较理想的效果。连底背景若使用光亮的塑料薄膜、透明玻

璃或玻璃镜子可得到透明体的倒影效果。若通过透明背景自下而上打底光,则会出现独特的穿透光,使亮背景与透明的主体交相辉映,可强化与渲染气氛。使用带有图案或纹样的半透明背景,如压花玻璃、压花塑料时,可较好地衬托主体的优美造型。

第四节　广告摄影的创意

创意是广告作品的灵魂,是使之具有感染力的要素,它在广告摄影创作过程中具有重要意义。创意的中心任务是表现广告主题,而主题对创意有决定性的作用。拍摄者要根据广告主题的表达需求,恰当地运用特有的艺术手段,创作出新颖独特的广告作品。成功的广告摄影创意在于它的想象力和独创性,要能体现出"新"与"奇"的意境。

一、广告摄影创意的必要性

只有创意独特、极具美感的摄影广告,才能吸引大众,由无意的一瞥,到注目,到欣赏,到读解,从而留下深刻印象。

广告摄影是以传播广告信息为目的,以摄影艺术为表现手法的一门专业艺术。近年来,我国广告摄影经历着从无序到有序、从混沌向规范的发展历程。广告摄影有无创意,创意表现是否正确,是决定广告作品成败的关键。

二、创意在广告摄影中的地位与作用

广告创意是为了达到广告目的,对广告的主题、内容和表现形式所提出的创造性"主意",创意可以化腐朽为神奇,变幻想为现实。如今商业广告中平面的影像,更多地着眼于推销一种生活方式、一种生活理念,激发人们内心深处的渴求。广告摄影的影响力是巨大的,如何经营画面,如何选择色彩、光影、场景、造型,都需要摄影创意(图8-8)。

从广告摄影的操作流程来看,其创意可以分为前期策划、中期拍摄和后期合成制作三个

图8-8 《啤酒广告》(李凯 摄)

阶段,它贯穿于整个流程。广告摄影创意的好坏与整体广告策划、定位是否准确,有没有达到广告的预定目标有关。广告摄影创意,实际上是广告设计、广告文案和广告摄影既分工又合作的集体构思与创作,是在广告创意基础上的再创作、再延续的过程。

三、广告摄影的创意及表现方法

(一)广告摄影的创意要求

1.彰显独特的个性特征

优秀的广告摄影创意要做到新颖奇特、张扬个性,这是由人的求新、求异心理所决定的。商品竞争激烈,富有个性的广告摄影作品通常具有强烈的视觉冲击力,非常引人注目。为彰显个性特征,需从商品和摄影师两个方面予以体现。

2.融入人文关怀

在以人为本的社会环境中,为实现广告信息的有效传播,必须注重消费者物质与精神双层面,将人文关怀渗透到摄影创意之中。广告摄影创意,要把商品的创意拍摄融入对情感的营造之中,以获得令人满意的效果。美国著名广告摄影师迈尔斯拍摄的作品就具有强烈的真实感和浓郁的人情味,其拍摄的主角都是活生生的普通百姓。乐百氏纯净水广告作品的整个画面采用天蓝色和白色,视觉中心点聚集于刚刚出水的身穿白衣的少女身上,犹如一股扑面而来的清风,将纯净水"纯"的感觉表现得淋漓尽致,充满生活的气息。广告摄影作品中渗透着人情、人性层面的诉求,让人感到一种人文精神的关怀与渗透,取得了极佳的传播效果。

3.吸收本土文化精髓

广告摄影创意本身是一个开放的系统,在新的技术和意识观念的冲击下不断更新拓展。它通过影像向受众传递商品信息,并将博大精深、源远流长的本土文化作为广告摄影创意取之不尽、用之不竭的源泉,把本土文化的精髓融入摄影作品的创意之中。如无锡惠泉黄酒的画面,以写实的二胡衬托虚化的黄酒包装(惠泉即无锡闻名天下的二泉,阿炳的《二泉映月》为二泉赋予了浓厚的意韵),用二胡来表现惠泉黄酒,不仅有很深的文化内涵,还有鲜明的地方特色。

4.表现手法丰富多变

广告摄影创意手法多变,可采取不同的表现手法来拍摄商品:一是将推销目的通过轻松诙谐的情节表现出来,使消费者在欣赏广告摄影作品时发现商品的魅力所在,达到广告营销效果;二是利用比喻、象征的创意手法,丰富商品的意韵,使产品与人们所熟悉的美好事物相互烘托,给人以意味深长的感受;三是利用偶像创意之法,提高产品知名度,树立品牌可信度,使之产生不可言状的说服力;四是利用创意扩大广告时空容量,增强震撼力,使商品广告产生更好的传播效果。如绝对伏特加酒的创意直接采用酒瓶作为主体,标题只用两个词,前一个是商标名称"绝对",后一个是表示其品质的词,这个偶然的灵感使商品在销售上取得了巨大成功。

5．借助数字后期技术

广告摄影对拍摄和制作技术要求都很高,拍摄时不允许画面有任何疏忽和不足,否则,消费者会将画面的缺陷和商品的缺陷联系起来,直接影响商品的销售。近年来,快速发展的数字摄影和数字化后期处理技术,开创了影像表现领域的新空间,并给创意增添了想象的翅膀。在创意设计上,可充分利用现成的照片素材库进行数字后期处理,将拍摄的商品主体与想象中的环境、背景天衣无缝地融合在一起,充分体现商品的特色,大大提高成功效率。如全国第三届广告摄影大赛金奖作品《深山处处有人家》的后期制作,数字技术就起到了画龙点睛的作用,电脑技法运用得恰到好处,不留痕迹。

（二）广告摄影创意的表现方法

1．主体表现法

主体表现法是着重刻画商品的主体形象,体现商品优美的形态、色彩、质感等,即用最直观的形象帮助受众认识商品,以富有视觉冲击力和艺术感染力的广告摄影手段吸引消费者,推动消费。拍摄时,不仅可以表现商品的整体形象,再现其全貌,也可作局部特写,以突出商品的细节特征。现代化的摄影棚既可以拍摄大到重型汽车、成套家具等大物件,也可以拍摄小到戒指、耳环等细小之物。

2．环境、陪衬式表现法

环境、陪衬式表现法是把商品置于一定的环境之中, 或选择适当的陪衬物来烘托主体。(1) 通过借助某种环境来强化商品的使用功能,如让越野汽车行驶在陡峭的山路或凸凹不平的路面上,意在强调汽车优良的越野性能。(2) 通过广告摄影手段,有意识地营造某种气氛,使得商品在某种氛围的烘托之下,在人们心理上得到升值。如单独的一架钢琴并不引人注目,但若把它放置于一场音乐会上,必然使人产生美妙的联想,那是因为环境提高了钢琴的价值。(3) 在功能与气氛的双重作用下,使得商品得到烘托。将商品融入主题,使得消费者产生能与主体形象相融合或对比的感受。(4) 采用反常态陪衬的表现手法,让消费者产生奇妙的感受。

3．情节式表现法

情节式表现法是通过创设生动、合理的情节来突出商品,使消费者想象出故事的发生、发展、高潮、结局,从而给人以深刻的印象。

4．组合排列式表现法

组合排列式表现法是同一商品或同系列商品在画面上按照一定的组合形式出现, 成为画面的视觉中心,以新颖别致又具强烈形式感的构图吸引受众的视线,从而达到广告宣传之目的。

5．反常态表现法

反常态表现法是通过广告摄影手段,创造出新奇的反常态广告形象,或令人震惊而又悬念百出的奇妙景象,与消费者产生共鸣。如通过后期制作,让一双运动鞋上站着十几位篮球明星,或让水果从盘中飞到空中等。

6. 间接表现法

间接表现法是通过比喻与暗示等手法,将商品的优越性含蓄地表现出来,使消费者运用推断在头脑中产生商品的形象。如儿童鞋广告,可拍摄两只手护着一只小脚丫的画面,标语可用"像母亲的手一样柔软的儿童鞋"。这种把无生命的形态隐喻为有生命的形态的表现方式使画面更具情感化的特征。

 思考与练习题

1. 怎样才能拍摄出富有创意的广告摄影作品?
2. 如何从实用功利性角度创作广告摄影作品?
3. 如何通过构图与用光突显广告摄影的艺术魅力?

 摄影创作实训

1. 拍摄创作一幅珠宝广告摄影作品。
2. 拍摄创作一幅酒类广告摄影作品。
3. 拍摄创作一幅食品广告摄影作品。

第九章

风光摄影

本章学习目标

1. 了解风光摄影的特点,掌握风光摄影的构图、用光等技巧。
2. 掌握风光摄影的创作技能,提升风光摄影创作能力。

本章内容思维导图

风光摄影
- 风光摄影的概念
- 风光摄影的特点与创作技巧
  - 风光摄影的特点
  - 风光摄影的创作要求
  - 风光摄影的创作要点
  - 风光摄影的创作技巧
- 风光摄影的构图
  - 风光摄影构图的注意事项
  - 风光摄影构图要素的把控
- 风光摄影的拍摄角度
  - 平视拍摄
  - 俯视拍摄
  - 仰视拍摄

在风光摄影创作中,通常以辽阔深远、曲折起伏的自然线条为主线,用镜头呈现起伏的山峦、奔流的大河、层层的梯田、锦绣的大地、蜿蜒的长城、林立的建筑。日常风光摄影创作中,一亭一桥、一寺一塔均可作为拍摄的主体,曲径小道、水边倒影、翼然楼角等也可作为主线条使用,从小处着眼尽显自然风光的神韵与秀美(图9-1)。

图9-1　《错落有致》

第一节　风光摄影的概念

风光摄影是以自然景物和人文景观作为拍摄对象,并以展现其风光之美作为主要创作题材的摄影门类。其拍摄范围较为广泛,大到名山大川、天地宇宙,小到一花一叶、一草一木,均可摄入镜头。风光摄影包括城市风光、建筑风光、工业风光、农业风光、文化遗产风光等;就季节而言,包括春、夏、秋、冬四季;就拍摄对象而言,包括山、水、花、草、日、月、星、辰以及风、雪、雾、霜、雨等。

风光摄影是广受人们喜爱的题材,它给人带来美的享受和心灵的愉悦。人类第一张摄影作品就是风光摄影(1826年,法国人尼埃普斯拍摄的《鸽子窝》)。在中外摄影史上,风光摄影占尽了风头,出现了众多风光摄影大师,如安塞尔·亚当斯拍摄家乡加塞米蒂山谷,最终拍摄出了一个世界级的森林公园。

风光摄影中,无论运用何种拍摄角度、拍摄技术,都是摄影者进行的一次审美活动,描绘对土地和山河的热爱(图9-2)。

图9-2 《乾隆行宫》

第二节 风光摄影的特点与创作技巧

一、风光摄影的特点

风光摄影有如下特点:

(1)题材广泛。风光摄影题材非常广泛,名山大川的壮丽景色,工业基地的蓬勃景象,农村田野的秀美风光,城镇建设的崭新面貌,少数民族的风土人情等,都是风光摄影的拍摄题材。

(2)意境深远。风光摄影擅长以景抒情,通过对自然景色的生动描绘来表达或寄托人的思想情感,其深远的意境往往能引发人们深入思考并产生联想。一幅优秀的风光摄影作品,不是单纯地表现自然外貌，也不是单纯地追求形式上的美、色彩上的鲜艳，而是借助摄影技术，将自然风光中最富有诗情画意的形象定格在画面上，使之具有深刻的主题内涵。如图 9-3《潮起潮落》，采取低角度、大广角、小口径光圈拍摄，以较强的纵深感体现潮起潮落的主题。

图 9-3　《潮起潮落》

（3）画面唯美。 为了深刻表现摄影作品的主题，在取景时，对与表现主题无关的景物，要将之排除在画面之外。大自然的美，经过拍摄者的艺术构思与精心构图，就成为画面优美的风光摄影作品(图9-4)。

（4）色彩鲜明。自然界的色彩极为丰富。以鲜明的色彩作为风光摄影画面的主色调，为画面营造一种氛围，容易引发人们产生联想(图9-5)。即使记录在黑白感光片上，画面景物的层次也是十分丰富的。

图9-4 《蠡湖夕景》

图9-5 《泊梦》

二、风光摄影的创作要求

风光摄影有以下几点创作要求：

（1）明确拍摄意图，把握拍摄主题。在拍摄作品之前，一定要有明确的拍摄意图，对于作品的主题和表现内容，在心中要有设想、有构思。

（2）抓住地域特色，反映时代特征。作品要紧紧抓住地域特色，在拍摄工业风光、城市风光、农村风光时，要反映出时代的特征。

（3）抓住拍摄重点，展现风貌特色。拍摄并展现自然界的新事物、新面貌，是风光摄影的主要任务，也是拍摄的重点内容。风、花、雪、月、小桥、流水等小景，固然可以调节人们的精神文化生活，但不宜把它们作为重点来表现。

三、风光摄影的创作要点

风光摄影有以下创作要点：

（1）突出作品意境。具有意境的作品通常都有深刻的表现力和艺术感染力，是拍摄者的主观思想与客观景物的融合。

（2）发现自然之美。自然界不缺少美，寻找和发现美很重要。即使是在同一个拍摄点拍摄同一风光，摄影者也要学会多角度观察，根据不同季节、不同时间、不同光线，把握住最佳的拍摄时机。寻找是一种过程，发现是一种创造，寻找和发现是个人艺术创作能力的重要体现。

（3）创新与突破。在拍摄风光摄影时，应该遵循和掌握规律，在此基础上，有意识地去变革，以寻求创新和突破。学好技术、掌握技能是创新和突破的前提，而创新和突破则是技术过硬、技艺精湛的良好结果。求新必须求变，变后才能出新，创新才能突破。非常规的拍摄观念和方法是求变、求新的重要手段，创新和突破是摄影创作的精髓。

（4）寻天时、求地利、谋人和。天时、地利就是人们常说的运气，人和则是主观努力。寻天时是指天气、光线的选择。如张家界、黄山等景点，只有下雨或下雪后才容易出现云雾和云海，拍摄前可以通过天气预报和卫星云图来了解天气的变化，进而选择拍摄的时机。在阴沉或下雨的天气虽然拍不出阳光明媚时的景物，但适合拍摄温馨和色彩丰富的景物，可以通过改变拍摄主题来适应天时的变化效果，这就叫随机应变，顺应天时。求地利是指拍摄点的选择。古人说"山形步步移"，同一座山，远近高低的视觉效果截然不同。拍摄同一景点，常常需要从不同角度进行观察、比较，然后做出最佳的拍摄选择。

（5）耐心与等待。风光摄影中，理想的光线往往是"等"出来的，绝不可能轻而易举地获得。当发现或认为某一风光值得拍摄，而拍摄条件又不理想时，就要耐心等待，直到合适的拍摄时机到来。如我国摄影名家袁毅平拍摄的作品《东方红》，从发现到等待再到拍摄成功，经过了几年的时间，该幅作品后被作为摄影名作而载入摄影史册。

四、风光摄影的创作技巧

风光摄影看似简单,其实有很多技巧,并非有美景就必然能拍摄出好的摄影作品。

(1) 选取小口径光圈增加景深范围。通常情况下,拍摄者会尽可能让整个场景处于景深范围内,最简单的办法就是选用较小口径光圈,光圈口径越小,所获得的画面景深就会越大。

(2) 使用三脚架增强拍摄稳定性。在拍摄时,相机在整个曝光过程中需要保持平稳,可以考虑使用三脚架、快门线或无线遥控器等相关配件。

(3) 选择好主焦点。所有的摄影作品都需要主焦点,风光摄影也不例外。风光摄影作品如果没有了主焦点,画面便会显得很空洞,观赏者也会因为找不到主焦点而难以感知拍摄者想要表达的内容。

(4) 运用前景增强画面纵深感。拍摄者应考虑好前景如何安排,还可将主体放置在前景内,以增强画面的纵深感,拓展景深范围,创设出一个具有良好时空感的画面。

(5) 合理安排画面中的天空与云彩。如果拍摄时天空中有各种有趣形状的云团并呈现出美丽的色彩,就可以将天空中的云彩突显出来。

(6) 利用线条将人的视线导向趣味点。在拍摄风光摄影作品时,可通过线条将人的视线导引至画面的趣味点上。线条可以使一幅风光摄影作品景深、层次更加丰富。

(7) 使用慢速度快门让作品动起来。许多风光摄影作品给人的感受并不完全是静止的,如树林中的风、海滩上的波浪、瀑布的水流、头顶上的飞鸟、移动的云层等。捕捉到这些动态,需要使用慢速度快门。

(8) 利用黄金时间段拍摄,让画面"活"起来。一天之中,黎明和黄昏往往是光线较有表现力的黄金时段,也是拍摄风光摄影作品的最佳时段。利用这一时段拍摄风光摄影作品,往往是"金光"出现的时候,这一时段的光线和场景有利于营造出生动有趣的氛围,更有助于让画面"活"起来。

(9) 放置好地平线,增强作品的表现力。在风光摄影拍摄时,需考虑好地平线的放置。通常情况下,是将地平线放置在画面三分之一的地方,根据不同情况也可以打破这些常规。

(10) 多角度构图。要想拍摄出较为满意的摄影作品,不妨尝试从不同的角度拍摄。通过不同视角去观察环境,往往会让人有独到的发现。

第三节　风光摄影的构图

在风光摄影中,无论是带着事先构思好的主题去拍摄,还是随机拍摄,都要求拍摄者经过全面观察,然后确定拍摄主题,再通过构图,把人与景物安排在画面的恰当位置,以突出主题,实现摄影者的创作意图。

一、风光摄影构图的注意事项

在风光摄影构图中要把握好以下几点:

(1)画面布局简洁、和谐、统一。画面的色调要以一个基调为主,有结构中心,主体和陪体前呼后应,画面具有整体感。有时,风光摄影还会采用"万绿丛中一点红"的艺术表现手法(图9-6)。

图9-6　《泛舟猎影》

（2）注意画面空间的表现。摄影者应尽可能利用逆光,增强前景、远景的深度,运用线条、云雾和滤色镜来强调透视效果,增强画面的空间感和纵深感(图9-7)。

图9-7 《远方》

（3）强调画面的节奏感。摄影者可以通过大小、轻重、明暗、浓淡、冷暖、起伏、疏密、虚实等对比变化,形成和谐的画面节奏,达到增强作品艺术感染力的效果(图9-8)。

图9-8 《仙境》

（4）处理好画面中人与景的关系。人与景的位置、比例、方向等要起到画龙点睛的作用，既不能喧宾夺主，也不能成为累赘。

（5）切忌画面地平线居中。在拍摄自然风光时，地平线在画面中所处的位置会影响构图的基本形式和画面的均衡、稳定。一般而言，如果云彩等非常丰富，则地平线应稍偏下，多留一些空间给天空；若天空的景象较为平淡，则地平线可偏上，少拍些天空。地平线应与画面上下边框保持平行，特别是在拍摄建筑风光时尤其要注意这一点，否则，画面中的建筑会有倾斜的感觉。

二、风光摄影构图要素的把控

1.风光摄影构图的四个阶段

（1）艺术构思。通过对被摄景物的观察、比较、酝酿、思考，确定表达主题。

（2）艺术处理。运用摄影造型手段，包括构图的形式、光线的运用、色彩的搭配、拍摄时机的把握等，对拍摄风光进行形态塑造。

（3）完成拍摄。把握最佳瞬间，特别是在光线复杂、变幻莫测的情况下，尤其要坚决果断地按下快门，将最佳瞬间定格。

（4）后期制作。在后期制作过程中，可进行二次构图，即通过对画面的剪裁来弥补前期构图上的不足，同时可运用数字技术修整影像，使摄影作品更加完美。

2．运用与控制好景深因素

在风光摄影中，有效运用景深非常重要。景深就是被摄主体成像清晰的范围，景深大，影像清晰的范围就大。在通常情况下，景深大可以增强画面的纵深感，景深小则有助于画面形成强烈的虚实对比。可通过调控光圈、焦距和摄距来控制景深范围：（1）通过调控光圈口径控制景深。光圈口径越大，景深越小；光圈口径越小，景深越大。（2）通过调控镜头的焦距控制景深。镜头的焦距越长，景深范围越小；焦距越短，则景深范围越大。（3）通过调控摄距的远近控制景深。摄距越近，景深范围越小；摄距越远，则景深范围越大。

3．善于运用好超焦距

超焦距是指当镜头对焦至无限远时，景深的最近清晰点至镜头的距离。运用超焦距就是最大限度地利用景深。其方法是：确定拍摄时所要使用的光圈，再将镜头调焦环上的无限远符号调至与景深表上光圈对应的位置，这样在拍摄时无须对焦即可让所摄风光处在清晰的景深范围之内。运用超焦距拍摄风光，如使用广角镜头，画面景深范围则会更大。

4．选择并运用好前景

前景是处在被摄主体前面的人、景、物，构图时通常将花草、树木、石块等作为前景（图9-9）。在风光摄影中常有"一步一景"之说，即在很小的变化中就会产生新的景点，这种变化既包括拍摄点的移动，也包括前景的选择和运用。运用好前景，可丰富画面的语言，增强画

图 9-9 《月色》

面的视觉效果。前景的形状、线条、结构、色彩要为主题思想的表达服务,与主体紧密联系,成为整体的一部分。通常将成像大、色调深的景物用作前景,并用它来点缀大场面和远景。如在秋景拍摄时可用红叶或黄叶作为前景,则显得秋意更浓。

前景能增强画面的空间感、透视感和纵深感。前景由于成像大、色调深,与远景形成明显的大小和色调深浅的对比。有前景的画面有起伏,因为前景的存在使主体和背景有了参照物,从而使画面产生空间感和透视感(图9-10)。

图 9-10 《项王故里暮色》

此外,前景还能均衡画面,增强画面美感。用一些规则排列或具有不同形式美的景物作为前景,能使画面更加生动活泼、别具一格(图9-11)。

图9-11　《春色如画》

第四节　风光摄影的拍摄角度

一、平视拍摄

平视拍摄指相机的拍摄角度与被拍对象基本处在同一水平位置上,特点是容易使人亲近自然,画面易于被接受。在拍摄中要尽可能遵循黄金分割定律,尽量避免画面被地平线平分,如因构图需要也可尝试,如利用上下对称构图拍摄水面有趣的倒影。在构图时,要把景物安排得错落有致,也可稍微站高一点拍摄,以避免景物被压缩或重叠在一起(图9-12)。

图9-12　《红顶房子》

二、俯视拍摄

俯视拍摄指相机的拍摄角度高于被拍对象,从上往下拍摄。俯拍构图时要注意局部与全局的关系,选择适合表现主题的镜头,不要过度地使用广角镜头。俯拍有"会当凌绝顶,一览众山小"的意境。登高望远,给人一种纵深辽阔之感。俯拍有利于展现纵深感,呈现出景物的层次、线条、图案、地形、地貌、位置、距离、数量与整体结构。如果说仰拍重在写意,那么俯拍则重在写实。因为仰拍的夸张作用明显,而俯拍的纪实作用显著(图9-13)。

图9-13 《泰山之巅》

三、仰视拍摄

仰视拍摄指相机的拍摄角度低于被摄对象,从下往上进行拍摄,具有夸张之效。仰视角度越大,被夸张的效果越明显;拍摄的距离越近,被夸张的效果越明显;镜头焦距越广,被夸张的效果就越明显。仰拍的夸张变形效果能给人强烈的视觉冲击,使人耳目一新,视觉感受比现实生活中的要强烈得多。在运用这一拍摄手法时,一定要符合所表现的主题。此外,仰拍还具有写意效果(图9-14)。

图 9-14　《画意苍穹》

 思考与练习题

　　1. 怎样才能拍摄出富有意境的风光摄影作品?

　　2. 通过哪些手段可以提升风光摄影技巧?

 摄影创作实训

　　1. 拍摄一幅富有韵味的风光摄影作品。

　　2. 拍摄一幅大景深或小景深的风光摄影作品。

第十章 花卉摄影

本章学习目标

1. 了解花卉摄影的特点,掌握花卉摄影构图、用光等技巧。
2. 学习花卉摄影的创作技能,拓展花卉摄影的创意思维。

本章内容思维导图

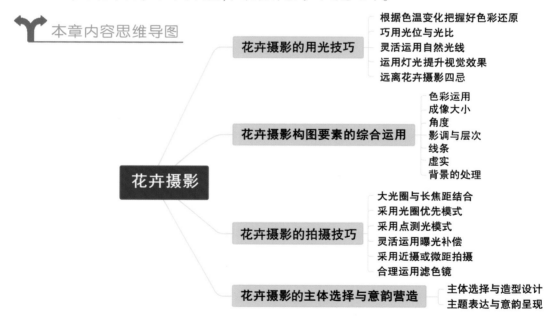

第一节 花卉摄影的用光技巧

花卉摄影以花卉为主要创作题材和拍摄对象,通常以人工培植的盆景和花卉为主,常使用近摄等造型手段。一幅优秀的花卉摄影作品应当具备鲜明的主题、适当的用光、简洁的构图与和谐的色调。

摄影光线的准确运用，是突出花卉质感、姿态、色彩、层次的决定性因素。不同投射角度的光线就像浓淡不同的画笔，为作品营造不同的效果：逆光能勾勒出明亮的边线，顺光可以展现细部结构，侧光则显示出立体感，等等。不同时间段的自然光，由于光线及色温的变化，会带来不同的色彩变化，如早晚阳光呈现

图 10-1 《红蜻蜓之恋》

出暖色调效果，阴天时则有偏蓝的冷色调效果等（图 10-1）。

一、根据色温变化把握好色彩还原

不同光源的色温是不同的。早晚的阳光色温偏低，约 2 800 K。9:00—15:00 时段的阳光色温比较正常，约为 5 400 K。而阴天的光线色温比较高，约 6 800 K。高色温光线下拍摄的花卉偏蓝，低色温光线下拍摄的花卉偏红，需用色温矫正滤镜。使用数字相机拍摄，设置好相机的白平衡，即可获得正确的色彩还原（图 10-2）。

图 10-2 《映日荷花》

红、黄等颜色的花卉，最好安排在阳光下拍摄，以便更好地显示花卉的神韵和色彩；冷色调的蓝、紫色花朵，在阴天拍摄也可以。为正确呈现所摄花卉的色彩，应将白平衡设置成与光源色温相对匹配的档位。若用 RAW 无损格式存储，也可将白平衡设为自动，可在计算机后期处理时适当调整。将白平衡设成 5 400K，利用早晚低色温的阳光，还可以为花卉增添一层金色的辉光。而大片的荷花、荷叶，应在阴天或晨间阳光较弱时拍摄，色彩表现比较好。如果在逆光下采用自动曝光，经光线透射的荷叶极易出现泛黄现象；而在侧光或前侧光下，以荷叶的反射光为曝光基准，采用手动曝光拍摄，大片的荷叶能呈现出碧绿的色彩。

二、巧用光位与光比

拍摄花卉一般应选择光比较小的时刻，以柔和的光线为主，能拍摄出影调层次丰富、肌理质感细腻的画面效果。薄云遮日或满天白云天气的明亮散射光较适宜花卉的拍摄。如使用室外直射阳光拍摄，明暗影调大多偏硬，花瓣之间会产生浓重的投影。如在室内，可使用乳白色灯光照明拍摄，或在灯罩上加一层软薄的白纸或白布，使光线得以柔化，一般可采用前侧光，使花卉产生明暗对比和立体感；顺光呈现花卉的色彩较好，但显得比较平淡，而柔和的光线能把花卉的影纹呈现得纤细入微。

阳光下的明暗变化较大，需特别注意光比的调节，可以用反光板给暗部补光，以提高暗部亮度。利用早晚的斜射光线，光比会小一些，明暗层次也更丰富些。利用多云天气，可有效减小光比，阴天的散射光拍摄花卉较为理想。拍摄大片浅色花朵，要降低明暗比例，使明度较高的花卉得到较好的呈现。

三、灵活运用自然光线

阳光在一天里变化较大，直接影响着花卉的拍摄效果。从光照度来看，最好选择在日出后两小时内，此时光照度较为理想，造型效果最好。早晨，由于花卉吸收了一夜的营养，故色泽特别鲜艳，质地娇嫩，色彩清晰，层次分明，影调明朗，反差适中，拍摄的效果甚佳。

采用正面光拍摄花卉，光在画面中分布较广，花卉受光面均匀，但缺点是花卉缺乏立体感和层次感，影调平淡。运用侧光拍摄花卉是被公认为最理想、最常用的摄影用光。这种采光使花卉立体感强，层次分明，阴影和反差适度，色彩明度与饱和度对比和谐适中（图 10-3）。

图 10-3 《高洁》

运用顶光拍摄,光线投射在花卉的顶部,正面受光少,造成画面反差大,缺乏层次,花卉色彩还原效果差,色温较高,照片容易偏蓝,故这种光线很少运用;运用逆光拍摄,能够勾画出清晰的花卉轮廓线,光的造型效果好,如果花瓣质地较薄,会呈现出透明或半透明状,更细腻地展现出花的质感、层次和瓣片的纹理,需要注意的是,运用这种光线,需及时补光并选用较暗的背景衬托。逆光下,背景处于阴影中,极易拍摄到意蕴深厚、主体突出的花卉摄影作品。

四、运用灯光提升视觉效果

运用灯光进行拍摄,布光灵活,随意变换,花卉的摆插与构思融为一体,在画面表现上,更具有造型的艺术渲染力。通常采用主光、辅助光、顶光、轮廓光和背景光等几种布光方法。主光布局的位置通常在相机的左边或右边,成15°—30°角投射物体,主要作用是照射花卉的正面,使花卉正面受光;轮廓光的布局是在花卉的后侧投射,在造型效果上使花卉的轮廓用光线区分出来,艺术效果比较强;辅助光的布局位置没有固定,通常是根据摄影者的表现意图对花卉进行设计,以求达到良好的光影造型效果;顶光的布局位置在被摄花卉的顶部,使花卉形成一种高光或模仿阳光投射的效果;背景光的布局通常是在被摄花卉的后面,使背景与花卉产生空间感、立体感。运用灯光拍摄花卉可根据需求灵活运用。为提高总体的艺术造型效果,画面的光比通常以1:2为宜。

五、远离花卉摄影四忌

拍摄花卉通常有四忌:一忌盲目拍照。由于光线强弱、投射方向及色温不同,拍摄同一花卉时会产生完全不同的效果。因此,要反复观察,选择好光源方向、拍摄角度,做到心中有数,再按下快门。二忌曝光组合只有一个标准。现代相机的自动曝光系统测出的曝光量只是一个参考标准,而且是一个平均值。而正确的曝光在艺术创作中常常含有一种主观情感的要素,因此测光标准不是唯一的,要根据每个人创作的意图调整曝光组合。三忌忽视补光。自然很美,但有时也有不足,要想办法借助闪光灯、反光板等进行补光,给予曝光补偿。四忌忽视不同相机在曝光上的不同。不同相机的性能不尽相同,要知晓相机在曝光中需要注意的相关事项,扬长避短。

第二节　花卉摄影构图要素的综合运用

高洁的玫瑰、纯贞的荷花、幽雅的兰花、清芬的菊花均体现了不同的品格和风韵,要运用不同的手段和表现形式展现花卉的品格与特点。

一、色彩运用

在拍摄花卉时,画面上既要有一个基调,又要有色彩之间的细微对比。

二、成像大小

花卉摄影作品主体在画面中所占的位置大小要依据摄影者的创作意图而定,无论是拍摄整体还是特写,都要突出主体,做到疏密相间,避免喧宾夺主。

三、角度

俯视拍摄、仰视拍摄、平视拍摄各会形成不同的摄影角度。角度稍微变化,就会对构图产生影响。一般来说,拍摄花圃或花坛里的花卉,多采用俯视的角度。

四、影调与层次

影调主要是指花卉在光线的照射下产生的明暗层次。高调清新,低调深沉,中间调明快。浅色的花卉适宜用高调,深色的花卉适宜用低调,深浅适中的花卉适宜用中间调。

五、线条

在花卉摄影中,线条好比骨架,色彩好比肌肤,优美的线条有助于展现花卉形态。在构图时,要根据花卉线条的曲直、疏密等进行取舍。

图 10-4 《孕》

六、虚实

摄影构图中运用虚实对比,目的是突出主题,渲染气氛,增强艺术效果。可使用大口径光圈、长焦距镜头、近摄距手段来控制景深,从而获得虚实相生的艺术效果。

七、背景的处理

背景在花卉摄影构图上起着陪衬和烘托主题的作用。可根据自然条件来选择背景,天空、地面、草丛、湖水、树林等都可作为背景。如拍摄荷花,背景可以多样化,仰拍可以蓝天为背景,俯拍可以水光倒影为背景,平拍或斜拍可以莲叶为背景(图 10-4)。

第三节　花卉摄影的拍摄技巧

猎取并描绘花卉之美,往往需要借助摄影技巧,以下提供几种技巧供参考。

一、大光圈与长焦距结合

要想主体清晰突出,背景柔美干净,就需要浅(短)的景深。可采取近摄手段,以大口径光圈与长焦距镜头相结合,虚化主体以外的陪体及其周围的环境(包括前景与背景)来达到效果。

二、采用光圈优先模式

光圈优先是优先设置好光圈值来达到控制景深之目的。比如想突出主体、虚化背景,就可通过设置大口径光圈来实现。光圈优先模式易学、方便、快捷,很适宜在花卉摄影中运用。

三、采用点测光模式

数字相机通常有点测光、中央重点测光和平均测光三种测光模式,点测光模式是对取景范围中的 1%−5% 区域进行测光;中央重点测光是以取景范围中的 10%−30% 区域计算测光值;平均测光是对整个取景区平均计算测光值。在花卉摄影中,往往使用点测光聚焦在花卉的高光处,保证最清晰的成像效果,还可以避免"高光溢出"的现象。

四、灵活运用曝光补偿

在花卉摄影中,曝光补偿通常有两个用途,一是用于代替提高感光度;二是用于逆光摄影的曝光补偿。拍摄花卉时,ISO 值越低越好,因为感光度高,画面的质感就会降低,噪点也会不断增多。当然,曝光补偿是有限度的,太暗就会超出相机的曝光补偿范围。拍摄木本植物花卉时,往往需仰拍,以天空为背景,主体与天空之间的光比会很大,这时就需要进行曝光补偿。天空越明亮,主体占位越小,曝光补偿需要越多,一般需要进行 1−2 级正补偿。

五、采用近摄或微距拍摄

近摄或微距拍摄在花卉摄影中应用广泛。从技法上讲,近距离或微距拍摄,能使被摄花卉的聚焦距离更近,主体结像更大,容易取得良好的效果。

六、合理运用滤色镜

花卉摄影中,通常使用不同的滤色镜,如柔焦镜、雾化镜、十字镜、三棱镜、多影镜、魔幻镜等,来改变作品的影调和层次。如拍摄玫瑰,加用柔焦镜可使照片产生一种朦胧美,加十字镜能使花卉上的露珠呈现晶莹四射、光彩夺目的效果。

第四节　花卉摄影的主体选择与意韵营造

一、主体选择与造型设计

花卉摄影面对的拍摄对象通常是静止不动的，摄影者有充分的时间考虑主体的选择、拍摄的范围、拍摄的角度、画面的结构。

1. 确定拍摄主体及其范围

拍摄花卉，首先要解决的就是选取拍摄主体及其范围。一般说来，成片的花卉往往以景衬花，拍摄的范围比较大。如果主体是能够靠近的，可以用广角或标准镜头拍摄，甚至用微距镜头拍摄；距离较远的可以用长焦距镜头拍摄。广角镜头能夸张前景，突出主体的自身特点，长焦距镜头能压缩空间，将远处的花卉拉近，形成一定的密度。

2. 突出主体的造型

主体花卉的结构造型关系到拍摄的成功与否，也关系到画面的取舍范围。结构形式优美的花、枝，就可运用近景或特写；富有节奏感和图案效果的成片花卉，则可用全景或中景。拍摄大面积的花卉，需注意形态的统一、变化及块面的构成，力求在统一中有变化。拍摄中可根据花卉的形状分布、线条走势、色彩布局与块面结构来安排画面，突出强调图案效果，也可选取花卉较为密集的部位，利用花、叶形成的形状结构，使之产生疏密有致的平面效果，要注意将主体放在画面的视觉中心，使之醒目、突出。

3. 选择理想的拍摄角度

拍摄花卉，可根据不同的植株和具体的对象来选择拍摄角度。正面俯视拍摄花瓣平展的花，具有几何形规则的图案美；侧面拍摄牡丹会显得雍容华贵；侧面俯拍睡莲会显得婀娜多姿；侧面仰拍白玉兰有亭亭玉立之感；略仰拍摄吊兰可显其高、悬的特点；俯摄睡莲与仙人掌可使花瓣及花蕊展现得更加清楚；侧面平拍喇叭花可使其外形更加完美。

4. 注意对比与陪衬

在花卉摄影画面布局时，要充分考虑好主陪体对比及环境的陪衬作用。首先要注意疏密对比和画面均衡。主陪体之间疏密安排得当有助于丰富画面内容，还要留意画面影调与色彩之间的呼应与平衡。其次要充分利用虚实对比突出主体。拍摄大片花卉，除了能利用现场色块和线条布局以外，还可选择局部花卉，用长焦距镜头（或微距镜头）、大口径光圈进行拍摄，展现出花卉奇特的结构和造型，不仅能给人以新鲜感，而且具有很强的视觉冲击力。

二、主题表达与意韵呈现

花卉摄影的主题立意与意韵呈现有利于表达个人的情感，使作品达到形态、神韵、意境的统一。

1．主题的表达

主题表达的内容是摄影者的生活体验、艺术实践及其倾注在作品中的思想情感。不同的花卉有不同气质与意蕴，或豪放，或婉约，或清新，或苍劲。拍摄者常用移情的手法来表现梅花的气质高雅、牡丹的雍容华贵、樱花的淡雅柔婉、桃花的妍媚婀娜、郁金香的温雅艳丽。

2．意韵的营造

拍摄花卉最难的是拍出意境和神韵。作品中的意境与摄影者的主观意识、文化修养和情感境遇密切相关。

花卉摄影的意境，有景意、情意、诗意、形意等类别。景意多以写实的手法拍摄，记录眼前的花卉场景；情意则以画面中的情节性因素作为切入点，将昆虫等融入画面之中；诗意是指摄影者状物抒情，使作品具有诗的境界；形意是运用比喻、比拟等手法表达个人的情感和意趣。这类作品主体生动，形神皆备，意蕴深厚，能够给人带来想象空间和回味余地。

思考与练习题

1. 怎样才能拍摄出富有创意的花卉摄影作品？
2. 通过哪些手段能提高花卉摄影技巧？

摄影创作实训

1. 利用滤色镜等拍摄创作一幅韵味独特且富有艺术感染力的花卉摄影作品。
2. 利用微距拍摄创作一幅虚实相生、色彩鲜明、主体突出的花卉摄影作品。

体育摄影

本章学习目标

1. 了解体育摄影的特点，掌握体育摄影的构图、用光等技巧。

2. 学习体育摄影的拍摄技能，利用区域聚焦方法抢拍精彩瞬间。

3. 采用横向追随拍摄法抢拍富有动感效果的瞬间。

4. 深入了解赛跑、跳跃、投掷、球类、体操、游泳等各类体育项目，掌握不同体育项目的拍摄要点。

本章内容思维导图

体育摄影与器材配置
- 体育摄影的概念
- 体育摄影的器材

体育摄影

体育摄影的拍摄技巧
- 选准拍摄位置
- 再现动体最佳姿态
- 把握好提前量
- 区域定点聚焦
- 横向追随拍摄
- 加速变焦拍摄，营造爆炸之效
- 灵活构图

各类体育项目及拍摄要点
- 赛跑项目及拍摄要点
- 跳跃项目及拍摄要点
- 投掷项目及拍摄要点
- 球类项目及拍摄要点
- 体操项目及拍摄要点
- 游泳项目及拍摄要点

第一节 体育摄影与器材配置

一、体育摄影的概念

体育摄影把体育运动中扣人心弦但又稍纵即逝的瞬间形态捕捉下来，它强化了观赏者对体育竞技惊险性、激烈性、趣味性的艺术审美感受，具有独特的艺术感染力。

体育比赛项目繁多，比赛场地有室外与室内之分，比赛时间有白天、夜晚之分。一般在广阔的体育场或大型体育馆内进行(图 11-1)。

图11-1 《太极拳表演》

室外比赛并不都是在晴天进行，除滑雪以外，也有在雨雪天进行的比赛项目。室内比赛场地并不都是光线充足的，照明光源各式各样。在体育摄影中，大多数情况下是不允许使用闪光灯的。体育摄影对摄影师的拍摄技术要求非常高，摄影师不仅要熟练操作相机，在不同环境中应对自如，还要在赛场上时刻做好细致的观察并做出预判，以便在绝佳瞬间出现之际及时按下快门。

二、体育摄影的器材

体育运动的基本特点在于速度、节奏和力量，是典型的动体摄影，往往是在被摄对象显著、急速的运动中进行拍摄。体育摄影通常需要搭配长焦甚至超长焦镜头。

了解各类体育项目的特点，对于选取摄影器材、提升拍摄质量与效果、提高摄影技能与技巧极为重要。同时，体育摄影对所使用的器材有较高要求。

1. 数字相机与镜头配置

体育摄影器材通常配备数字相机和有防抖功能的镜头(如尼康相机为 VR 镜头、佳能相机为 IS 镜头)，便于在中小型室内比赛或者夜间比赛的弱光环境下，手持相机拍摄出高质量的照片。此外，因拍摄者往往不能接近被摄主体，也不能随心所欲到处走动，因而需要配备超广角、中长焦镜头甚至超长焦镜头。300毫米 f/2.8 或 400毫米 f/2.8 定焦镜头被称为是体育摄影的"标准镜头"。通常80-200毫米的变焦镜头是体育摄影的常用镜头，基本能应对大多数体育项目的拍摄。300-400毫米长焦镜头（或200-400毫米变焦镜头）以及500毫米、600毫米、800毫米、1 000毫米及以上的定焦镜头也经常用到。大型体育场馆因跨度很大，拍摄点距离中心场地很远，要想拍摄单个运动员，其镜头焦距最好能够达到1 000-3 000毫米的范围。拍摄竞赛赛场的大场面或大型团体操之类的画面时，一只8-15毫米范围的超广角变焦镜头是非常需要的，可以用它去拍摄体育场全景、球场全景等。体育摄影通常使用较快的快门速度，因此，往往需要 f/2.8 以上的大口径光圈镜头。

２．三脚架与独角架

三脚架和独脚架虽然有行动不便、取景不灵活之弊端，但对于拍摄点、取景角度相对固定的体育摄影来说，因使用的镜头体积和重量都很大，使用脚架有助于提高影像质量。

第二节　体育摄影的拍摄技巧

一、选准拍摄位置

对体育摄影来说，拍摄位置至关重要，它直接影响到体育摄影作品的质量和效果。选择一个合理、恰当的拍摄点，对表达主题、抢抓关键瞬间起重要作用。不同的运动项目应选择不同的拍摄点。拍摄点的选择，直接反映出拍摄者对运动项目、运动员动作的了解程度及创作构思。在选择拍摄点时，要寻找那些动作高潮经常出现的地方，如篮球的投篮点、篮板下，足球的射门点、禁区内，跨栏的栏架上方等。

二、再现动体最佳姿态

1．高速度快门——运动影像被"凝固"

高速度快门的优点是能将动体影像清晰地记录下来，缺点是影像的动感不足。"凝固"的动体影像往往用于表现动体的优美姿态。要取得这种效果，只需使用相机上高速度的快门即可，如1/1 000秒、1/2 000或1/4 000秒甚至1/8 000秒。如图11-2摄影习作《扑》，便运用了大口径f/2.8光圈，1/2 000秒的高速快门。

图11-2 《扑》（掌茜 摄）

2．慢速度快门——动体影像虚糊

慢速度快门的优点是具有强烈的动感，缺点是对动体面目、姿态表现不清。一幅影像虚糊的体育照片，虽能再现快速运动的主体飞驰而过的情景，但需通过模糊的动体与清晰的背景形成对比，以产生强烈的动感。

三、把握好提前量

精彩瞬间最容易打动人，形象感染力较强，也是体育摄影的独特优势和魅力之所在。作为体育比赛的现场拍摄者，选择和掌握按动相机快门的时机至关重要，它直接关系着作品的成败。除了要精心选取拍摄位置、拍摄角度外，还要增强预见性。一要提高判断的预见性，掌握体育项目的运动规律和进展过程，在赛前选好理想的拍摄位置，做好预判拍摄准备；二要提高临场的预见性，由于运动场上争夺激烈，战术的变化、运动员的表情转瞬即逝，拍摄者没有充分的时间去考虑，只能凭自己对这个动作的理解和观察完成拍摄。在动作的高潮和精彩瞬间出现之前的一刹那按动快门，这是必须通过反复实践才能真正掌握的技能。

四、区域定点聚焦

定点拍摄是体育摄影中经常采用的一种拍摄方法，相机的光圈、快门速度及感光度的组合，要根据现场的光线条件来确定。也可以预先进行合理的组合，然后将镜头的焦点调到所要拍摄的点上伺机拍摄,它能准确、迅速、及时地捕捉动作瞬间。定点拍摄主要用来表现战术的变化、竞争的场面、运动员的精神面貌等,因此,对拍摄熟悉的路线、距离比较固定的动作非常有效,只要动作选择准确、焦点对实、拍摄时恰到好处,就能够拍摄出精彩的照片。采用定点的方法进行体育摄影时,快门速度一般在1/250秒以上,如图11-3《角逐》,便是用了1/250秒的快门速度进行定点伺机拍摄。

图 11-3 《角逐》

而对跳水的空中翻腾和体操的跳跃翻腾等快速旋转的动作,则要用1/500秒以上的快门速度。使用定点拍摄方法时,一定要注意准确聚焦、合理构图,最大限度地突出主体。

区域聚焦拍摄,是利用控制相机镜头的景深范围进行拍摄的方法。用这种方法拍摄时,首先要了解现场的光线条件和数字相机的感光度,在保证快门速度能够将比赛动作和主体人物拍摄清晰的前提下,最大限度地缩小光圈,以获得更大的景深;同时根据景深范围确定所要拍摄的区域。英国著名摄影家蒙特·弗朗斯科曾说过:"我经常用区域聚焦拍摄的方法拍摄体育照片,在比赛中要等待,只有持久地忍耐和超卓的远见,才能拍到好的照片。"

五、横向追随拍摄

横向追随也叫平行追随,它是捕捉动作、模糊背景、突出主体、渲染气氛的一种行之有效的拍摄方法,追随法的快门速度通常为 1/15-1/60 秒。横向追随的拍摄方法是:拍摄者的相机镜头跟随动体,并与动体保持相同的速度向一个方向移动。当动体进入理想的拍摄范围时,迅速按下快门,画面会呈现出许多流动的线条。快门速度越慢,流动线条越明显,整个摄影作品的画面给人以强烈的动感效果。

六、加速变焦拍摄,营造爆炸之效

快速改变相机所用的变焦镜头的焦距,使镜头焦距由长变短,用这种方法能使较慢的动作出现加速效果,极富戏剧性。主体的轮廓沿对角线方向从画面中心向四周扩展,好像朝着相机爆炸开来,这种效果只能用较低的快门速度获得(1/15-1 秒),所以最好使用三脚架。在按动快门的同时,根据动作的方向使相机向上、向下或向一侧迅速移动,也能获得类似的效果。

七、灵活构图

体育比赛是在快速多变的情况下进行的,作为一个现场拍摄者,需要在一瞬间完成合理构图。在比赛中不可能有充足的时间和机会去仔细考虑,只能根据拍摄者所在的位置、场上的具体情况、周围的环境,以及光线、所使用镜头焦距的长短、画面的布局、照片的色调处理等诸多因素进行快速取舍。在现场,要根据比赛中的情况做到随机应变。一般应从以下几个方面考虑构图:一是主体要突出、清晰;二是人物和环境的搭配要合理,以人为主;三是大胆创新,使作品以新奇见长。

在体育摄影中,要善于捕捉那些新奇、惊险、富有情感和幽默的瞬间。新奇是以新颖的表现形式反映竞技体育运动的动作瞬间;惊险是在构图上打破力的均衡或定格一些突发的、出人预料的瞬间,给人以强烈的震撼力和视觉冲击力;富有情感是指多方面和多角度地刻画运动员、教练员及场外观众丰富多彩的表情神态和内心世界;幽默是指画面生动、情节有趣,能给受众以愉悦的享受。要想拍摄出新奇、惊险且富有情感和幽默内涵的体育摄影作品,对瞬间动作的准确把握和捕捉是关键。

第三节 各类体育项目及拍摄要点

一、赛跑项目及拍摄要点

赛跑项目分为短跑、中长跑、长跑、接力跑、跨栏跑等。

（1）短跑。短跑的起跑姿势健美有力，宜用低角度、侧方位拍摄。

（2）中长跑。中长跑在起跑两三秒后，运动员便密集争抢内道，从前侧方能拍出具有中长跑特点的争抢场面；中途可在弯道处拍摄运动员跑成的长龙状。

（3）长跑。拍摄长跑的较佳时机是在起跑后200米左右，这时可用俯拍角度拍摄运动员跑成的纵队形；对有众多运动员的越野跑，用广角镜头拍摄出的起跑的大场面是非常壮观的。

（4）接力跑。抓取传递接力棒的瞬间是接力跑拍摄的关键点，也可采用追随拍摄法。

（5）跨栏跑。运动员跨栏瞬间是跨栏跑最富表现力的瞬间，宜用低角度仰视拍摄。

二、跳跃项目及拍摄要点

跳跃运动项目主要有跳高、撑竿跳高、跳远等。

（1）跳高。运动员跃上横杆之际是跳高最富有表现力的拍摄瞬间，把握好提前量，对抓拍跳高时的最佳瞬间是十分重要的。

（2）撑竿跳高。撑竿跳高最好是拍摄运动员手撑杆正在过杆或人已过杆、双手刚放开撑竿的一瞬间；另一理想瞬间是在运动员刚起跳离地的瞬间，这时撑杆弯曲，画面极富动感。

（3）跳远。较能表现跳远特点的是运动员跳起腾空的动作，尤其是在刚刚腾起时，容易拍到姿态优美的照片；运动员双脚刚落地踩入沙坑的瞬间，沙花四溅，此时也能拍出生动的摄影作品。

三、投掷项目及拍摄要点

推掷运动项目主要有铅球、铁饼、标枪、链球等。

（1）推铅球。推铅球最富有表现力的瞬间是运动员弯腰屈体、转身曲体的滑步动作。

（2）掷铁饼。可选择运动员预摆姿势、旋转动作和铁饼刚出手的瞬间。

（3）掷标枪。标枪运动代表性瞬间是运动员手持标枪、大步冲向投掷线时的交叉步动作。

（4）掷链球。只能隔网拍摄掷链球，宜用大光圈使隔网虚化以利于突出主体。链球运动员有两个姿势值得拍摄，一是旋转时的动作，二是掷球出手之际。

四、球类项目及拍摄要点

球类项目包括篮球、排球、足球、羽毛球、乒乓球等。

（1）篮球。篮球比赛的理想拍摄点，一是在场外离篮6米左右处，二是在观众席面对罚球线的前排座位。这些位置对拍摄具有篮球运动特点的投篮、切入、盖帽、争夺等动作都较便利。当准备拍摄投篮、封篮等镜头时，可预先聚焦于篮筐，以便全神贯注地抓拍精彩的瞬间。

（2）排球。排球运动的发球、传球、垫球、扣球、拦网、鱼跃或侧倒救球等动作，都是值得拍摄的瞬间。

（3）足球。足球球门两侧7米左右处是足球运动的较佳拍摄点,能获得较多的拍摄良机。进攻队员的凌空射门、倒勾射门,防守队员的阻挡拦截,守门员的鱼跃扑救,双方运动员的争夺等,都是足球运动值得拍摄的精彩瞬间。

（4）羽毛球。羽毛球运动员高跳扣球的动作幅度大,健美有力,是表现羽毛球运动的典型画面之一,宜以低角度拍摄,以强化运动员的腾空感。此外,羽毛球运动员救球、扑球等动作也十分精彩。

（5）乒乓球。在运动员接发球、攻球时拍摄,能拍出理想的画面,多用中景表现。

五、体操项目及拍摄要点

体操运动员的健美姿势,使这项运动成为深受摄影者喜爱的拍摄题材。

（1）单杠。单杠运动是由不停顿的各种动作构成的,其中值得拍摄的分腿绕杠、反握转肩向前大回环等,都能展现出优美动作。

（2）双杠。双杠的整套动作中包括摆动、杠上杠下的脱手动作、单臂倒立等,其中的前摆转体、后空翻等动作是非常优美的,拍摄双杠运动宜在双杠的两侧采用仰角拍摄。

（3）吊环。吊环以表现人体刚健有力为主,运动员的直角十字、水平十字、侧十字以及回环等都能表现出吊环运动的高难度。拍摄正、侧、倒十字悬垂,宜用正面角度;拍摄十字、回环、下环等动作宜用侧面角度。

（4）鞍马。鞍马运动由全旋、交叉和转体等动作组成,拍摄鞍马宜用中焦镜头。

（5）跳马。运动员上马动作转瞬即逝,可预先聚焦"马"上,拍摄点以侧前方最为常用。

（6）自由体操。自由体操运动员各种空翻、跳步、劈叉、鱼跃等动作都非常值得拍摄。

（7）高低杠。高低杠运动员的穿杠和下杠姿态优美,能拍出许多精彩的画面。

（8）平衡木。平衡木运动员的跳跃、倒立、旋转、空翻等,无论动态、静态都有许多造型优美的姿势可以拍摄。

（9）艺术体操。艺术体操以舞姿优雅的艺术技巧著称,艺术体操运动员使用彩带、藤圈、绳子、球和棒等器械。在场内拍摄艺术体操宜用低角度,以避开周围的广告牌,在观众席上可使用200毫米左右的镜头俯拍。

六、游泳项目及拍摄要点

游泳项目分自由泳、蝶泳、蛙泳和仰泳等。

特写镜头对拍摄各种游泳项目来说往往是较为理想的,如游泳运动员随着发令枪声跃向池中的腾跃动作。以低角度拍摄,可强化运动员的跳跃力量。

体育摄影在大型赛事中表现出"快"的特点:采访快、编辑快、传播快。体育摄影是传播体育形象信息的一种形式,可以完整、准确、及时、直观、形象地反映体育比赛在时间和空间上的信息内容,形象地表现出运动的力量、速度、节奏和动感,注重展示运动员在竞赛中表现出的顽强意志和拼搏精神,引起读者的共鸣。体育摄影作品体现出的强烈时代感,能够把受众带到事件发生的现场。如新华社记者官天一抓拍的《夙愿》,1984 年 7 月 29 日,我国运动员许海峰在美国洛杉矶举行的第 23 届奥运会男子自选手枪射击比赛中,夺得该届奥运会的第一枚金牌,这也是中国运动员在奥运历史上的第一枚金牌。这幅体育摄影作品,使人如临其境,它记录了中国运动员为中华体育的崛起而拼搏的时代精神,显示了中国开始全面登上世界体育大舞台。这幅作品以形象化手法,把历史的瞬间变成了永恒。再如胡越拍摄的同届奥运会中国女排夺冠瞬间,十几位姑娘实现心愿后紧紧相拥、喜极而泣,深深地打动了每个中国人。

 思考与练习题

1. 怎样才能拍摄出富有创意的体育摄影作品?

2. 通过哪些手段能够提高体育摄影技巧?

3. 如何运用区域聚焦拍摄法拍摄到精彩瞬间?

4. 如何运用横向追随拍摄法拍摄出极富动感的精彩瞬间?

5. 针对赛跑、跳跃、投掷、球类、体操、游泳等各类体育项目特点,怎样拍摄出精彩生动的瞬间?

 摄影创作实训

1. 练习拍摄赛跑、跳跃、投掷、球类、体操、游泳等各类体育运动项目。

2. 采用横向追随拍摄法拍摄作品。

3. 运用区域聚焦拍摄法抢拍高潮瞬间。

舞台摄影

本章学习目标

1. 了解舞台摄影的特点,掌握舞台摄影的构图、用光等技巧。

2. 学习舞台摄影的拍摄技术,善用连拍功能抢抓精彩瞬间。

3. 采用闪光凝结拍摄法,抓取动静结合的瞬间。

4. 学习舞台摄影的技法技巧,选用适宜的快门速度进行舞台摄影创作。

本章内容思维导图

舞台摄影	舞台摄影的概念	
	舞台摄影的创作要求与创作技巧	选用专业数字相机 灵活运用自动白平衡模式 根据舞台环境精准曝光 巧用连拍功能 选用适宜的快门速度 闪光凝结与低速快门结合 精选拍摄位置并优化拍摄视角 借助器材增加相机稳定性 巧借现场光线 设定光圈,控制景深

第一节　舞台摄影的概念

舞台摄影是指通过摄影将舞台上的艺术造型生动而完美地展现出来的一种艺术形式。通过抓拍富有代表性的、有一定情节的舞台场面,向人们展现舞台摄影的艺术魅力。

舞台摄影照明光线相对较弱,光照强度变化大,舞台区域间反差强,而且拍摄点相对固定,拍摄距离变化小,因此在拍摄前要熟悉剧情,了解演出高潮时段,了解表演者的风格和表现特征。

　　动态美是舞台摄影中最重要的审美特征,表现动态美的最佳形式是舞蹈,画面形象的虚实处理是造成照片动感的关键。人物肢体、裙摆的快速运动会使画面形成虚实结合、动静相衬的效果(图12-1)。

图12-1 《激情印度舞》

第二节　舞台摄影的创作要求与创作技巧

一、选用专业数字相机

　　舞台表演大多是夜间演出或在室内舞台演出,由于光线相对暗弱,舞台灯光多变,给摄影带来诸多难度。话剧、朗诵、器乐演奏等舞台表演几乎没有什么大动作,拍摄难度相对较小,而舞蹈、武打等表演的动作较为迅速,拍摄难度相对较大。在器材的选用上,最好使用专业数字相机配置大口径光圈镜头、长焦距镜头、三脚架、独脚架。选用数字相机有助于大范围调节光圈达到景深控制之目的,同时能够有效控制快门速度,轻松拍摄出运动体的动感、瞬间凝固两种迥然不同的画面效果,形成动静对比。数字相机还有快速响应的连拍功能,能够让摄影者更加得心应手。

二、灵活运用自动白平衡模式

舞台灯光丰富多变,强度和色温的变化也是相当大的,这些不同颜色、不同强度的光线是舞台艺术语言的重要组成部分。拍摄时要准确反映原有的色彩关系,一般情况下可采用自动白平衡模式,一来可保留适当的现场气氛,二来即使有少量的偏色也可在后期稍做优化与调整。如图 12-2《青春舞曲》即采用了自动白平衡模式。

图 12-2 《青春舞曲》

三、根据舞台环境精准曝光

舞台灯光在安排和设计上具有很强的艺术效果,只有准确曝光才能够体现原有设计之效。在拍摄时通常采用中央重点测光和点测光两种模式,如果舞台亮度相对均匀,可以使用中央重点测光模式;如果是拍摄追光灯等或以暗背景为主场景时,就需要使用点测光模式,以避免受到环境亮度影响,并根据对象实际亮度来确定曝光量。所以在拍摄独唱与独舞等环境大、主体小的场景时就需要采用点测光模式;而在拍摄大场面,众多演员同台表演时,只要主体集中在相对中心部位或占有较大比重位置,就可采用中央重点测光或平均测光模式,这样反而容易得到准确曝光(图 12-3)。

图 12-3 《印度古典舞》

四、巧用连拍功能

舞台摄影对摄影师的临场反应是一种考验。在拍摄幅度大的舞台表演动作时，须预先对焦或者确定大致的焦点，在动作高潮到来之际，可使用连拍功能，抓取稍纵即逝的瞬间（图 12-4）。

图 12-4 《激情狂欢》

五、选用适宜的快门速度

快门速度高,快速运动的对象会被凝固为清晰的影像;快门速度低于被摄体的运动速度时,即使原来动作很缓慢的对象也易呈现虚化的影像,从而产生虚实相生的效果。所以,为了达到不同的拍摄目的,要选择相应的快门速度。因数字相机感光度可以调节,需要提高快门速度时可选择较高的感光度,反之则选择较低的感光度。一般拍摄舞台动作剧烈变化的旋转、跳跃等动作时,如要将对象的精彩瞬间定格凝固,最好使用不低于 1/250 秒的快门速度。若开足光圈仍然难以满足拍摄需求,可采用曝光补偿功能,或用提高感光度等办法来提高快门速度(图 12-5)。

图12-5 《刀马旦》

六、闪光凝结与低速快门结合

将闪光灯和低速快门的使用进行结合,可拍摄出动静结合、虚实相间的特殊效果。电子闪光灯的闪光时间短,往往在 1/1 000 秒左右甚至更短,有助于将被摄对象的活动瞬间进行定格,形成相对清晰的实像。而闪光灯和低速快门进行组合曝光后,就可获得虚实相间的成像效果。如使用 1/15 秒的快门速度,同时使用闪光灯,这样的快门速度和光圈的组合可获得自然感光,但由于使用了慢速度快门,活动的影像将变得虚糊,从而产生动感,而闪光灯又将活动的对象凝固成清晰的实像,这样两者结合就拍摄出了虚实相间的画面。

七、精选拍摄位置并优化拍摄视角

舞台摄影创作非常注重拍摄位置和拍摄视角的选取,通常稍偏一点的位置拍出来的效果比正面的好些。当然,拍摄视角的高低也很重要,视角太高,拍出来的人物会变形;视角太低,可能拍摄不到人物的全景。在舞台正面光线相对较强时,如果在舞台正中采用顺光拍摄则光线较为平淡,被摄主体立体感、层次感、空间感会被淡化,光影效果会很平淡。

八、借助器材增加相机稳定性

拍摄舞台摄影作品，快门速度通常控制在 1/30 秒-1/8 秒。这样往往既有清晰的主体形象，画面又具有流动感。而要达到这一目的，借助三脚架或独脚架来增加相机的稳定性就显得非常重要。另外，为达到画面虚实变化的效果，往往要使用大口径的光圈，以最大限度缩小景深范围。

九、巧借现场光线

舞台摄影从过去单纯的记录型逐步发展到现在的创作型，这个变化也就是舞台摄影从实用性转向艺术性的过程。如图 12-6《曼妙舞姿》就是利用现场舞台光效进行拍摄的，保留了现场光线的效果和演出氛围。

图 12-6 《曼妙舞姿》

十、设定光圈，控制景深

图 12-7 《喜庆时刻》

设定光圈作为控制景深的一种手段，其中也颇有学问。运用得当，拍出来的作品会有较好的艺术效果。在现场拍摄中，相机与舞台有一定的距离，再加上舞台本身有一定的深度，建议采用大口径光圈拍摄，以增强虚实变化，提升舞台现场的层次感。采用大口径光圈控制景深，可将背景虚化，有助于突出主体（图12-7）。

掌握舞台摄影技巧,有助于赋予作品以丰富的内涵。一幅成功的舞台摄影作品不仅要展现出人物动感,还要展现出人物的神韵,让受众看到作品时能理解背后隐藏的故事或剧情(图 12-8)。

图 12-8 《女儿国》

 思考与练习题

1. 如何利用数字相机拍摄出富有意境的舞台摄影作品?

2. 如何利用相机连拍功能拍摄出富有艺术美感的舞台摄影作品?

3. 如何巧用快门速度拍摄出不同风格的瞬间?

4. 如何拍摄出光效鲜明的作品?

 摄影创作实训

1. 学习并强化训练舞台摄影的拍摄技巧。

2. 利用相机连拍功能拍摄一组舞台摄影作品。

3. 采取闪光凝结手段拍摄出动静结合的舞台摄影作品。

第十三章

时装摄影

本章学习目标

1. 了解时装摄影的特点,掌握时装摄影的构图、用光等拍摄创作技巧。

2. 学习时装摄影的拍摄技能,通过构思创意,拍摄出富有意境的作品。

3. 学习时装摄影知识,结合时装品牌,拍摄出一系列时装摄影作品。

本章内容思维导图

```
                          ┌─ 时装摄影的概念
          时装摄影的概念、功能 ─┼─ 时装摄影的功能
                          └─ 时装摄影的价值与意义

          时装摄影的商业职能与创意表达
时装摄影
          时装摄影的造型与风格呈现 ┌─ 时装摄影的造型
                              └─ 时装摄影的风格呈现

          时装摄影助力服装品牌的发展 ┌─ 服装与时装摄影的依存关系
                                └─ 时装摄影助力服装品牌的推广
```

第一节 时装摄影的概念、功能

一、时装摄影的概念

时装摄影是以时装或时尚为主题的摄影,有时也指在时装发布会或者展示会上,拍摄模

特走 T 台的摄影形式。时装摄影
必须能以形象的魅力打动人心
(图 13-1)。时装摄影能使人产生
一种仿效的冲动，从而推动时装
的销售。

二、时装摄影的功能

　　最早的时装摄影与肖像有着
密切关系,而真正的时装摄影始于
20 世纪。时装摄影具有展现时装
魅力的功能,还体现出人们在某一
时期的穿着方式。时装摄影所呈现
出来的时装画面,有时美得惊人,摄
人心魄;有时诙谐,幽默滑稽;有时
散发着优雅馨郁的芳香(图 13-2)。
为了追求时尚,时装摄影必须在流
行之前超前拍好。

图 13-1 《佳俪》

图 13-2 《冷艳》

三、时装摄影的价值与意义

时装摄影并不能真正反映现实生活,它注重追求表面的视觉形象和效果,它们是时装的纪实性文献。时装摄影为人们提供了一份有关时代风尚、社会生活、人类情感的记录,使人们能够理解当前流行的文化趋向。

第二节　时装摄影的商业职能与创意表达

时装摄影承载了视觉营销的商业职能。现代服装业的发展,没有时装摄影在其间发挥作用是难以想象的。能否实现品牌价值的提升并为客户创造出商业价值,是衡量服装摄影成败的基准。商业化的时装摄影不仅对经营者提出了更高要求,而且也要求摄影师承担起更多的责任。

时装摄影师不仅需要扎实的摄影专业知识和技能,更需具备高素质的人格品质。摄影师与客户沟通和交流的成功与否,是时装摄影成败的关键。为此,要设法了解客户预期拍摄的效果和拍摄用途。

当前,数字技术的发展为时装摄影艺术的发展创造了新的契机。传统时装的摄影习惯、摄影方式、观看方式都被动摇,随之而来的是时装摄影的技术呈现、艺术表现、创作观念、创作手法、阅读方式的根本性变革。时装摄影师在提高技术技能的同时,还要不断丰富艺术表现手法。大胆的对比、鲜艳的色彩和表现出的无限激情,都能把人们带入一个充满幻想的领域(图 13-3)。

图 13-3 《青春秀》

第三节　时装摄影的造型与风格呈现

一、时装摄影的造型

时装摄影师在拍摄前通常会做很多准备工作：寻找合适的模特，以便与时装更完美地融合；寻找合适的场景和道具；协调服装之间的搭配；做好模特的化妆与发型塑造工作。时装摄影会受到当时社会潮流、个人形象造型以及国内外流行色彩、男女服装流行款式、流行元素等趋势的影响（图13-4）。在时装摄影中，模特的造型一般以静态为主，即便是动态，也不会过于夸张。

图13-4　《青春风采》

时装形态是构图造型时所要考虑的基本要素，很多时装摄影构图都是依据时装形态进行构思的，而这些形态大多是凭借服饰形态所独具的戏剧性效果展现时装魅力的，如一枚纽扣、一枚戒指、一双眼睛，可简略地归纳为圆、圆环、球体，但不同的处理手段能使之呈现出迥异之效。服装在完成其实用功能的同时，往往借助线条来向人展示美，传递美的信息，可以说，线条在时装摄影中同样也是表达思想感情的一种元素。

二、时装摄影的风格呈现

风格是摄影师赋予其作品某种视觉和表达方面的特色。这些特色可以表现在摄影师对光线、色彩、线条、形状、情调和构图等方面的感觉上，也可以表现在摄影师对动作和姿态的独特兴趣上（图13-5、图13-6）。

图 13-5 《魅之魂》

图 13-6 《美丽人生》

第四节　时装摄影助力服装品牌的发展

时装摄影让时装及其造型变得更加多元化、更具想象空间,时装摄影作为时尚传播领域的重要载体,对助力服装品牌的推广起着独特作用。

一、服装与时装摄影的依存关系

时装摄影的起源是在 19 世纪 50—60 年代的法国和英国,一些摄影师用照片贴成的小册子,上面是服装的设计、材料和样式,给皇室和上层社会的成员观看。一些裁缝和服装商人也将服装样式照片做成名片样式,让顾客进行挑选。时过境迁,时装摄影已紧紧抓住人性、道德、性别、流行等大众文化的关键词,施展浑身解数以求打动目标消费者。国际广告界的大卫·奥格威,从他职业的视角对影像存在的价值和意义做了断然的肯定,认为"一张图片,胜过千言万语"(图 13-7)。

图 13-7 《时尚女郎》

二、时装摄影助力服装品牌的推广

在这个图文信息传播空前发达的时代,时装摄影借助海报、杂志、报纸、灯箱、广告牌以及网络等传播媒体,塑造了一个又一个充满视觉冲击力的形象,激发了消费者的购买欲望,从而掀起一波又一波消费浪潮,帮助企业或品牌赢得市场。时装摄影见证了它作为品牌缔造者和时尚传播者的角色定位与生存价值。时装制造者和时尚推销者不但要推销产品,还要借用时装摄影来体现时装的内涵和企业文化。时装摄影作品是一种具备创作思维的艺术品,它涵盖了摄影师对时装的理解,强调模特与服装之间的完美结合(图13-8)。

图13-8 《快乐女孩》

时装摄影的宏观表现形式是一种美学概念,传达时装摄影本身具有的艺术理念,是极其抽象的。时装摄影的微观表现形式直观写实,通过模特来告知受众时装本身的特点,包括时装的款式、面料、颜色(图13-9)。

图 13-9 《风韵》

　　由此可见,实现品牌的价值提升,为客户创造商业附加值,无疑是商业化时装摄影创作的准则。现代时装摄影分工日益细致明确,从化妆师、发型师到道具师、模特经纪人乃至形象设计顾问等,是一个一应俱全的高度专业化创作团队,涉足范围囊括整个品牌行销策略的拟定和实施,它已不再仅仅被当作一种单纯独立的创作手段,而是成为一套系统完善的运行体系。

思考与练习题

1. 如何利用数字相机拍摄出富有创意的时装摄影作品?

2. 如何根据商业需要,拍摄出商业价值与艺术美感兼具的时装摄影作品?

 摄影创作实训

1. 深入学习时装摄影的拍摄技巧。

2. 结合时装品牌,拍摄一组能够满足商业需求的时装摄影作品。

静物摄影

 本章学习目标

1. 了解静物摄影的特点,掌握静物摄影的构图、用光等技巧。
2. 学习静物摄影的拍摄技能,通过构思创意,创作出有趣味的静物摄影作品。
3. 学习静物摄影的创作技巧,拍摄出体现"情、动、活、力"等特点的静物摄影作品。

 本章内容思维导图

静物摄影 ── 静物摄影的概念

静物摄影的布光与艺术特征 ── 静物摄影(吸光体、反光体、透明体)的布光与拍摄
静物摄影(情、动、活、力)的艺术特征体现

静物摄影的主体设置 ── 构图服务于主体
灵活运用光线
精选背景

静物摄影的艺术造型与色彩呈现 ── 布光影响静物的造型
布光影响静物色彩的表现

第一节 静物摄影的概念

　　静物摄影就是对静止的主体进行艺术性的再认识、再创造的过程,是用来抒发作者思想情感的专业摄影。静物摄影的题材非常广泛,在日常生活中随处可见,取之不尽,用之不竭,自

然界的花草、水果蔬菜、工业产品、工艺品、日常生活用品等,均可成为静物摄影的拍摄对象。

静物摄影作品的创作难在其画面构成及创意方面。当被摄主体确定好之后,必须选择好拍摄角度与用光,全方位、立体化呈现其独特的艺术魅力(图 14-1)。

图 14-1 《彩虹桥》

第二节　静物摄影的布光与艺术特征

静物摄影的布光技术、拍摄方法和创意构思被广泛用在商业广告摄影创作之中,静物摄影与广告摄影的不同之处在于,广告摄影是以传递广告信息、使消费者产生购买欲望、促进消费等为前提;而静物摄影是以抒发个人情感、追求艺术效果为目的。尽管两者的拍摄对象多为静物,但最终目的不一样,因此,在其布光技术应用、艺术特征体现等方面有诸多不同之处。

一、静物摄影(吸光体、反光体、透明体)的布光与拍摄

由于物体结构质地和表面肌理各不相同,因此吸收光和反射光的能力也不同。因此,应根据静物(吸光体、反光体、透明体)的不同质感特点,探究各类商品的典型布光和拍摄技法的共性与规律。

1. 吸光体静物的布光与拍摄

吸光体静物产品主要包括毛皮、衣服、布料、食品、水果、粗陶、橡胶等。它们的表面通常是不

光滑的(相对反光体和透明体而言),因此,对光的反射比较稳定,即物体固有色比较稳定统一。为了再现吸光体表面的质感,布光的灯位要以侧光、顺光、前侧光为主,而且光比要相对小些。

2.反光体静物的布光与拍摄

反光体静物产品表面非常光滑,对光的反射能力比较强,犹如一面镜子,所以拍摄反光体时一般都是让其呈现"黑白分明"的反差效果。要表现反光体表面的光滑,就不能使一个立体面中出现多个不统一的光斑或黑斑,因此,最好的方法就是采用大面积照射的光线,光源的面积越大越好。如果表面光亮的反光体上出现高光,则可通过很弱的直射光源照射获得。

3.透明体静物的布光及拍摄

透明体给人一种通透的质感呈现,且表面非常光滑。由于光线能穿透到透明体的内部,所以一般选择逆光、侧逆光等进行布光拍摄。透明体大多是酒、水等液体或者是玻璃制品。拍摄透明体静物重在表现主体的通透程度,在布光时一般采用透射光照明,常用逆光使其穿透透明体。有时为了增强透明体静物产品的造型效果,使其与高亮逆光的背景剥离,通常在透明体左侧、右侧和上方加黑色卡纸来勾勒造型线条。这样的布光能增强所摄静物的立体感与质感。

二、静物摄影(情、动、活、力)的艺术特征体现

静物摄影大体上分两类:一类是有情节的静物摄影,摄影者用借喻、象征、寓意等方法实现其创作的某些构思(图14-2)。另一类是无情节的,如某些食品、水果、蔬菜、工业产品等,这类作品大部分通过对静物光、影、色的处理传达美感(图14-3)。

图14-2　《伴》

图 14-3 《夜宴》

(黄天琪 摄)

如果能使这两类静物具备"情、动、活、力"的艺术特征,作品将具有较高的审美价值。

1."情"的特征

"情"主要包括情感、情趣、情节、情调、情境、激情、美感、快感等,能够调动起观赏者的情绪,使之产生某些心理、情感上的触动,或者产生某种感觉,犹如听到不同曲调的音乐一样(图 14-4)。

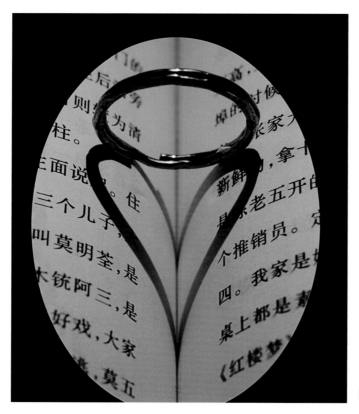

图 14-4 《心曲》(王林 摄)

静物摄影作品的"情"是由创作者决定的，比如把红叶拍成"霜叶红于二月花"(杜牧《山行》)，是激情，拍成"遇红无礼是泥尘"(李觏《残叶》)，是无情，拍成"枯叶恋高枝"(袁枚《枯叶》)，是多情。静物摄影作品的情感，往往体现在整个作品的平面结构中，包括构成这个结构的各种因素，从题材到用光、构图、色彩处理，再到作品基调及陪衬物等，都构成一定的情感意义，成为整个作品情感意义的一部分。艺术形象、色彩与用光及色彩的组合对情绪影响很大，就色彩来说，红、橙等颜色最能引起视觉兴奋，而蓝、绿等颜色让人感到舒适。就构图来说，不同的构图给人以不同的感受，比如正三角形产生安定感、倒三角形产生动荡感、S形产生流动感等。

2．"动"的特征

"动"的特征主要指生动、动感、动向、动态、动势等。"动"是意境的摇篮，意境是联想的源头。"动"有助于实现艺术创作的最高宗旨，引起人们的联想和思考。在选题确定之后，需从构图、用光、结构组合等方面进行安排，使静物产生动感效应。

一是利用背景的动感效果来衬托。所谓"动"，实际上是一种衬托的反应。许多摄影家在拍摄静物时，利用背景、道具及某些具有动感的物体，将静物反衬出来，就如我们坐在火车或汽车上，看到车窗外面的景物飞快地向后运动一样。

二是善于为静物营造某种动势。对静物本身来说，"动"就是从一个姿态换成另一个姿态的过程，任何物体都会有姿态的变换，即使它不会动，从摄影创作的角度讲，也应该让它"动"。"动"能为"活"提供依据，否则就显得"呆"。

三是巧借技巧制造动感或动势。借助光、影、线、构成、组合等制造出动感或动势(图14-5)。

图 14-5 《出逃的小糖人》(丁洁 摄)

3．"活"的特征

要拍好静物摄影,首先要处理好节奏,这是使静物变"活"的关键。以钟摆为例,推动钟摆达到运动最高点的动能,变成把它重新荡回来的势能。就最高点来说,它有一个短暂的停止时期,做出摆回的准备,给人的感觉是静止的,错开这一点就会有动的感觉。在拍照时,要让时钟的摆锤不在静止状态的最高点上,错开这个位置就能产生动势。其次要让静物摄影作品产生呼应或照应。有情节的静物摄影作品容易使人产生联想。对一幅无情节的静物摄影作品来说,需要有一个美的特定指向,使得主陪体形成互相呼应的关系。罗丹之所以用斧头砍掉巴尔扎克雕像的双手,就是因手太过突出。再次要打破"静"的瞬间,有经验的摄影师在进行静物摄影创作时,总是想方设法打破"静"态,使受众在审美心理上产生一种悬念。如图14-6摄影习作《微观世界》,摄影者将装有水的玻璃杯作为拍摄主体,拍摄出其呈现的外面的世界。

图14-6 《微观世界》(孙聪 摄)

4．"力"的特征

"力"是指表现力、吸引力、想象力、生命力及力度等。静物摄影是一种再创作,而不是形式的再现。静物摄影的表现力要远远超过静物本身的表现力,这服从于作者的思维、意志和情感;静物摄影的吸引力是借助光线、色彩、造型等,将受众的注意力"抢"过来;静物摄影的想象力是在构图上留给受众探求的视觉空间;静物摄影的生命力,不仅在于表现永恒的主题,更重要的是其不受秩序的限制;静物摄影需有一个力点,这个点可能表现在画面的某一点上,也可能表现在画外(图14-7)。

图14-7 《托起未来》(江苏省第五届大学生艺术展演摄影一等奖) (徐磊 摄)

第三节　静物摄影的主体设置

　　静物摄影的主体设置与构图必须有其独特之处,在进行画面组织、光线的处理及背景的选择等方面都应加以注意。

一、构图服务于主体

　　静物摄影的主体设置重在变化、统一、均衡,画面要生动、活泼,忌呆板,要有主次、大小、疏密、远近的变化,做到主次分明、大小相称、疏密相间、远近有别;整体画面应和谐完整,不因变化而使画面割裂,物与物之间要有联系,品种要协调,切不可杂乱无章、不伦不类;画面中主陪体的布局要互有照应,给人以稳定、和谐之感(图14-8)。

图14-8　《陶埙乐器》

二、灵活运用光线

　　要准确表现被摄静物的质感并非易事,首先要对被摄静物的质地有所了解,然后运用不同的照明方法, 使其细腻或粗糙的质感呈现出来。可采用光线柔和的主灯,将其安置在 45°—135°的位置进行照明,并处理好光线的光位与光比(图14-9)。

图 14-9 《茶具》

三、精选背景

当挑选好被摄静物后，需要仔细观察其特征，如工艺装饰品重在表现其美观的造型，玻璃陶瓷制品重在展现其质地与光泽，水果蔬菜重在突出强化其色彩与质感。优秀的静物摄影作品能够借助构图与色彩等引发受众联想，如一只被切开的鲜艳脐橙，新鲜而饱满的橙粒及其水灵的形象，容易引发受众的联想。静物摄影的背景包括有特定环境和无特定环境两类，对于有特定环境的可以让被摄静物处在一定的环境之中，为画面增添情趣；对于无特定环境的背景，要力求简练，背景材料要干净平整且无反光。主体放置好后，其他陪体要能与之形成相互呼应的关系（图 14-10）。

图 14-10 《风雨虬枝》

第四节　静物摄影的艺术造型与色彩呈现

一、布光影响静物的造型

布光影响静物产品造型,主要指的是对产品立体感和表面形态(轮廓)塑造的影响,影响的主要因素是光源的强度(光比)和光照射的位置。当拍摄主体特写或近景的景别之时,曝光以正常亮度为宜(图14-11)。

图 14-11　《爱之物语》
(王彩霞 摄)

二、布光影响静物色彩的表现

光是色彩之源,光对静物产品的色彩还原起着直接作用,光的变化影响着色彩的变化。在静物摄影中,光对色彩的影响有两个因素:一是光的方向;二是光的色性。光的方向不同,静物产生的明暗变化则不同,其色彩呈现也各不相同。光的色性主要指光本身的色彩偏向和色温,对拍摄主题的色彩还原及画面色彩表现有着巨大的影响。

布光强调了光对静物摄影造型的重要作用, 对光的选择决定了静物的形和色的画面呈现。布光能使静物摄影作品的影调层次和色调层次更加丰富,主体形象更具变化。摄影者在构思和创作时,对静物布光加以分析是非常必要的,这样有助于预知静物摄影作品的视觉效果(图14-12)。

图14-12 《樱桃与桑葚》(还港 摄)

静物摄影艺术是"光"与"影"的造型艺术,它利用和发挥光在造型中的作用,通过作品传递静物产品信息,表达摄影者的思想情感。分析布光所产生的不同视觉形象,能使静物摄影的艺术形象更加鲜活,使观者对静物摄影作品的主体印象更加深刻。

 思考与练习题

1. 如何利用数字相机拍摄出富有趣味的静物摄影作品?

2. 如何创作出富有"情、动、活、力"等特征的静物摄影作品?

 摄影创作实训

1. 学习实践静物摄影的拍摄技巧。

2. 自选静物并构思设计,使其展现出"情、动、活、力"等特征。

第十五章 纪实摄影

本章学习目标

1. 了解纪实摄影的价值、功能及特征,掌握纪实摄影的构图、用光等技巧。

2. 了解纪实摄影的分类,拍摄出富有情感与温度的系列纪实摄影作品。

3. 学习纪实摄影知识,拍摄能反映社会价值的纪实摄影作品。

本章内容思维导图

纪实摄影

- 纪实摄影的特征、功能及评价标准
  - 纪实摄影的概念
  - 纪实摄影的特征
  - 纪实摄影的功能
  - 纪实摄影的评价标准
- 纪实摄影的分类
  - 从篇幅和信息量的角度分类
  - 从主题内容的角度分类
  - 从拍摄动机的角度分类
- 纪实摄影作品的审美体现
  - 展现拍摄对象的典型行为状态
  - 彰显纪实摄影者的人性精髓
  - 立体多元地展现纪实摄影之美
- 纪实摄影的选题与创作

第一节　纪实摄影的特征、功能及评价标准

一、纪实摄影的概念

纪实摄影是指对人类社会进行真实记录并客观反映事件和相关对象的一种摄影形式,它通常以反映人与人以及人与环境的关系作为选题重点,以期引起人们关注,唤起社会良知,其题材内容具有社会意义与历史文献价值。最先使用"纪实"一词的是20世纪初法国摄影家欧仁·阿特热,1940年美国纪实摄影家多萝西娅·兰格为英文"纪实摄影"的概念确定了理论基础。中文"纪实摄影"概念的提出者是王惠敏,于1984年让该词初见于《国际摄影》。

在纪实摄影的拍摄中,为体现真实这一特性,就要求不干涉被摄对象,不破坏现场环境气氛,原原本本地用镜头记录被拍摄对象。纪实摄影具有记录和保存历史的价值,通过摄影作品对现实时空排列组合式的截取,影响人们的行为,解释现在,纠正过去,昭示未来。

纪实摄影使那些具有强烈社会责任感和使命感的摄影家们,秉承人道主义精神和道德准则,深入人类的生存实际,真正了解并尊重被摄对象,不虚构、不粉饰、不夸张,大多以抓拍的方式再现真实的情景。

二、纪实摄影的特征

纪实摄影需要客观真实地反映社会现实,以其真实性感染人、打动人,从而达到影响人、教育人之目的。

1.客观真实性

纪实摄影是对真实世界的理解和记录,它取材于真实生活,如实反映人们所看到的景象。如图15-1《"大圣"的困惑》,抓拍的就是"大圣"经过一整天辛苦的表演,在耍猴者收工回家时表现出的神情。

图 15-1 《"大圣"的困惑》

图 15-2　《协力》

2．内容质朴性

真实的思想立场对摄影者来说是至关重要的。如图 15-2《协力》，拍摄的画面就是真实记录农民们同心协力劳作的情景。

纪实摄影来源于生活，服务于生活，它如实地反映社会和生活空间，是对生活的真实写照。摄影家阿瑟·罗坦斯曾为追求画面的震撼力和美观构图，将发现的牛头骨放在龟裂的土地上拍摄，以渲染旱情，结果照片发布后遭到谴责，说其扭曲了事实，并不是对世界的客观真实反映。

3．历史见证性

纪实摄影作品需要为历史留证，让后人了解当时所发生的现实。如我国著名摄影家解海龙花费近 10 年时间深入全国各地贫困山区，拍摄了反映失学儿童和山区边缘教育状况的"希望工程"系列作品，引起了中国政府和整个社会的广泛关注，引发了国人在教育事业上的一系列思考和政府相关政策的出台。摄影师卢广保持鲜明的底层立场，拍摄了《关注中国污染》纪实专题，获得第 30 届尤金·史密斯人道主义摄影奖。这些视觉图像能够激起人们的思考，有着"一图胜千言"的视觉效果。著名诗人罗秦柯曾提及，摄影具有其他记录形式不可比拟的优势，可为子孙后代留下有价值的历史见证(图 15-3)。

图 15-3　《滥捕之殇》(程婧雯 摄)

三、纪实摄影的功能

1. 反映社会现实功能

纪实摄影最基本的功能就是反映社会现实，这也是纪实摄影的根本目的和最终目的（图15-4）。

图 15-4 《织》

2. 真实传播信息功能

纪实摄影要能真实有效地传播科学知识与相关信息，要注意作品所传递出的信息不能流于表面，应该深刻地反映社会现实（图15-5）。

图 15-5 《岁月印记》（蔡忠萍 摄）

四、纪实摄影作品的评价标准

（1）真实客观地反映社会现实。纪实摄影作品必须是真实的，要能符合事情的真相和事物的客观发展规律，主要采用抓拍的方式。

（2）作为历史记录留证。纪实摄影具有其他记录形式不可比拟的优势，无论是题材还是所拍摄的画面，都要能够留下有价值的历史见证。

（3）具有人道主义精神。纪实摄影作品通过表现伤痛、疾病、罪恶、战争以及不幸，促使人们思索，带来改变的可能。

第二节　纪实摄影的分类

一、从篇幅和信息量的角度分类

根据摄影作品的篇幅、信息量等因素，可以将纪实摄影分为"小品"型、"电视剧"型、"电影"型三类。

1．"小品"型纪实摄影

"小品"型纪实摄影重在讲述一个故事，反映一类社会现象，它的信息量非常集中，能带给人们直接的视觉冲击力。

2．"电视剧"型纪实摄影

"电视剧"型纪实摄影可以更深入地挖掘主题，更全面、更详细地表现被摄对象，用数量较多的、风格和形式统一的成组照片将事情的前因后果、来龙去脉讲述清楚。

3．"电影"型纪实摄影

"电影"型纪实摄影会围绕一个主题进行创作，但照片与照片之间并不具逻辑性，它们富有摄影者的独特风格，写实的同时又具有强烈的写意性或象征性。

二、从主题内容的角度分类

根据纪实摄影作品的主题内容可分为重大事件、百姓生活和社会人文三类。

1．重大事件

重大事件对于人类的生存与发展有着举足轻重的意义，摄影时重在针对所发生的重要的、有影响力的事件，如战争、政治事件、重大仪式、灾害等，它具有弥足珍贵的纪念意义和历史价值。

2．百姓生活

纪实摄影者将目光投向人类生活，无论是城市还是乡村，无论是主流大众还是边缘个体，无论是流行前卫还是民俗风情,无论是善良的还是罪恶的,无论是高尚的还是堕落的,无论是欢乐的还是痛苦的……这些都被凝结成一个个平凡而又精彩的瞬间,被观看、被感叹、被学习、被思考。

3. 社会人文

社会人文也是纪实摄影的重要组成部分,摄影者对其进行的记录具有一种象征性或揭示性,重在多侧面表现社会人文生活。

三、从拍摄动机的角度分类

以摄影者的拍摄动机作为分类的依据,大致可将纪实摄影分为社会纪实类(报道式)、文化记述类(文献式)、人文纪实类(日记式)三类。

1. 社会纪实类(报道式)

这类纪实摄影作品以反映社会问题、关注弱势群体,包括饥饿、贫困、疾病、战争等社会题材为主,以期引起人们的关注,进而推动社会改革和发展。代表作品有解海龙的《希望工程》。

2. 文化记述类(文献式)

这类纪实摄影作品关注即将消失的文化遗存和传统民俗。代表作品有陈锦的《四川茶铺》。

3. 纪实人文类(日记式)

这类作品以人与生活为主线,讲述人的故事,表现人的情态,揭示人性本质,体现人文关怀,见证社会变迁。代表作品有王福春的《火车上的中国人》。

第三节　纪实摄影作品的审美体现

一、展现拍摄对象的典型行为状态

纪实摄影需要进行周密的策划,从选题到内容拍摄,事先需要预判。在不违反客观规律和事情真相的前提下,将拍摄对象的典型生活状态体现出来。

二、彰显纪实摄影者的人性精髓

纪实摄影既可以从正面弘扬善举,也可以从反面来鞭笞邪恶。那些能淋漓尽致地体现人性的纪实摄影作品最能触动人心,它是纪实摄影的魂。在拍摄中,拍摄者要把自己和拍摄对象放在同等位置上,不应有工作性质和职位高低之分。

三、立体多元地展现纪实摄影之美

优秀的纪实摄影作品往往是通过富有张力的画面、别出心裁的构图、独特的用光来表达主题思想的,富有视觉冲击力的画面往往更能触动人心,它能让人过目难忘、记忆深刻。拍摄的人物可以是丑的,但表现出的人的品格应该有崇高之美;拍摄的环境可以是恶劣的,但体现出的克服困难的品质应该有不畏艰险之美;拍摄的事件可以是辛酸的,但反映出的团结互助应该有相伴相依之美,传递出的主题和思想之美是能够持久和震撼人心的。

第四节　纪实摄影的选题与创作

纪实摄影在日常摄影创作中占有非常重要的地位,它是摄影艺术领域重要的组成部分。

面对社会中的一系列政治、经济、文化和历史问题,纪实摄影师要勇于承担起历史使命和社会责任,积极关注并把那些能够反映重大社会问题或具有普遍意义的社会生活作为纪实摄影创作题材。如解海龙用了10年时间、行程2万多公里、走遍中国128个县拍摄的作品《希望工程》,客观真实地记录了贫困地区孩子的教育状况,他用照片替农村孩子争取到受教育的权利,用照片改变了贫困孩子的命运,推动了全社会关注失学孩子的社会现实问题;袁东平在天津、北京、湖南、四川、贵州等全国7个省市十几家精神病院拍摄的作品《精神病院》,反映了精神病患者生活状况,引起了人们对精神病人的高度关注;侯登科以一个中国农民的视角,倾其毕生精力追踪拍摄的一部画册《麦客》,记录了“黄土地上的候鸟”——麦客的真实生活状态,将中国农民的生活忠实地记录下来,展现了中国农民的生活智慧;黄利平用镜头对着自己的家园与乡亲而拍摄创作的《黄河滩区》,忠实地记录了黄河滩区农民简朴、辛劳的生活,深深地融入了作者对那片土地的认知,对父老们的爱恋,作品以平实的视角讴歌了父老乡亲质朴而伟大的品格;王征以其平实自然的社会纪实手法拍摄创作的《西海固》,展现了回族民众聚居区——宁夏西海固普通民众的现实生存状况,引起了广泛关注和好评,并被誉为“西海固的影像代言人”。

在纪实摄影的选题与创作过程中,应关注以下三个方面:

1.关注人类社会自然环境

生存环境容易受到人们的关注,纪实摄影要积极关注人类命运、揭示人性、直面现实,诸如人类面临的环境、能源、人口、粮食四大问题,应作为纪实摄影师长期关注的重点,森林、草原、矿产、野生动物等资源保护问题,也可作为纪实摄影关注的题材。纪实摄影还可以用镜头来表现战争、伤痛、疾病及不幸,促使人们思考。

2．关注社会边缘人物

纪实摄影可通过对社会边缘人物的关注来揭示某些社会现象,这也是纪实摄影师的历史使命与社会责任。

3．关注民意

纪实摄影要关注民意,避虚就实,避免走入唯美、猎奇、底层的误区。一防走入唯美误区。一些纪实摄影者醉心于精美构图和唯美画面的光影效果,却忽视了关注民意,以致舍本逐末,得不偿失。二防迈入猎奇误区。一些纪实摄影者喜欢到偏远的异地、异国拍摄,虽能拍到一些富有视觉张力的照片,但由于挖掘不够深入,大多反映的只是一些表象。 三防一味关注底层。有些纪实摄影者把目光放在拾荒人、乞讨人等非典型阶层上,而忽视了真正的民意。

要想选好纪实摄影题材,创作出优秀的纪实摄影作品,就要苦下功夫,对社会深入思考,全面了解当前的政治、经济、文化等,以独特的摄影纪实语言,讲好身边的纪实故事,使之有深度、有细节、有人性、有持续性。如唐辉吉曾用20年时间拍摄记录广西南宁中山路(原名叫马草街),以镜头讲述身边的故事,让人深切感受到这里"晚上似天堂,白天如草房"的美好。因而,纪实摄影要以记录生活现实为要,其作品要起到记录和保存历史的价值功效。

 思考与练习题

1. 如何结合当前社会实际做好纪实摄影的选题？
2. 如何根据富有价值的选题进行专题纪实摄影创作？

 摄影创作实训

1. 根据当前社会现象或问题,精选题材并进行纪实摄影的拍摄训练。
2. 进行专题纪实摄影的拍摄创作。

夜景摄影

 本章学习目标

1. 了解夜景的特点,掌握夜景摄影的拍摄技巧。

2. 了解夜景摄影的技能,拍摄富有独特艺术效果的夜景摄影作品。

3. 掌握光轨、星轨及焰火等的拍摄技巧,提高夜景摄影的创作水平。

 本章内容思维导图

夜景摄影

夜景摄影的特点
　夜景光源的双重作用
　去粗存精
　渲染气氛

夜景摄影的拍摄要点
　工地夜景的拍摄
　城市街道夜景的拍摄
　焰火的拍摄
　月夜景色的拍摄
　夜景人像的拍摄
　夜景摄影的注意事项

　　要想将缤纷绚丽的夜景完美地呈现出来,既需要准备拍摄器材,掌握拍摄技巧,还要在创作过程中有足够的耐心与良好的敏锐度。夜景摄影主要是在夜间,以灯光、火光、月光等作为主要光源,对被摄景物、建筑物及人物活动所构成的画面进行拍摄。夜景摄影有着独特的视觉效果和艺术风格(图16-1)。

图16-1 《焰火》

第一节 夜景摄影的特点

一、夜景光源的双重作用

在拍摄节日焰火等照片时,焰火本身以鲜明的色彩和光亮呈现在画面上,它通常既是主体的重要组成部分,又能照亮地面上建筑物并使之作为陪体被呈现出来,这样,焰火就起到了双重作用。

二、去粗存精

夜间昏暗,能隐没一些破坏画面的东西,如拍摄一个工地时,白天往往存在很多杂乱的东西,而在夜间拍摄时,可以利用灯光照射,把主体突出在画面之上,使不需要的物体避开灯光隐没在黑暗之中。

三、渲染气氛

夜间拍摄可采用独特的拍摄方法和特殊影调的处理手法,以达到渲染气氛的目的。如利用夜间拍摄马路上行驶着的车辆,采用长时间曝光的方法,使画面呈现出车辆纵横的光轨之效。

第二节 夜景摄影的拍摄要点

夜景摄影可以充分发挥不同景物的独特作用,使之与周围环境相互补充、相互呼应。如可以利用雨天、雾天的灯光为摄影增添美丽的光环,再如利用夜间水面上灯光的倒影,可拍出比较生动的效果,波光灯影会给画面增添生气。

一、工地夜景的拍摄

工地一般是指在野外施工的水库、电站、矿山、桥梁、工厂等,拍摄时要根据工程特点,确定拍摄角度,事先了解白天的情况及夜晚活动的规律,以便选择适宜的拍摄时机(通常是工程达到高潮的阶段、大规模的主体工程面貌基本看得出的时候)。拍摄时天空感光不宜过多,拍摄的角度宜高不宜低,同时要注意周围的环境。

二、城市街道夜景的拍摄

节日期间,城市各街道、商店、橱窗会进行整理和布置,大型建筑物会有彩灯和霓虹灯照射,城市会显得更加繁华(图16-2)。

选择角度要适当,过高和过低的角度,都易使路旁楼房变形。相机的安放点应选择在不易被冲撞和不妨碍交通的地方,选择地段应是灯光集中、车辆集中、楼房集中的地方。

图 16-2 《城市夜色》

三、焰火的拍摄

夜晚拍摄焰火时,要用三脚架将相机固定好,等焰火升放时,捕捉焰火绽放最高潮的一刹那。如《节日的焰火》(图16-3),运用了18mm广角镜头、f/3.5光圈、1/6秒快门速度进行拍摄,拍摄出了焰火在夜空中升腾绽放的瞬间。

图 16-3 《节日的焰火》

四、月夜景色的拍摄

拍摄月夜景色,可采用长时间曝光法,单独拍摄在月光照射下的景物;也可用短时间曝光法,单独拍摄月亮,然后把两张照片做后期合成;还可以采用一次性拍摄曝光法,先用手在镜头上把月亮遮住,待曝光至最后几秒钟时,再将手移开,让月亮曝光。

五、夜景人像的拍摄

夜景人像的拍摄方法较为简单,用辅助光作为人像拍摄的光源(如闪光灯等),拍摄时光圈可用 f/5.6 或 f/8 光圈,当拍摄夜景的画面背景灯光很弱时,可加用闪光灯为主体人像进行补光。

六、夜景摄影的注意事项

一是防止相机移动。在进行长时间曝光时,相机不能有丝毫移动,要固定在三脚架上,按快门时也要小心。拍摄时略有微动,景物就会出现模糊和重叠现象。二要防止光线直射镜头。快门开启后,强烈的光线直射镜头,容易产生光晕,影响到画面效果。三是准确使用光圈和焦距。光圈大小会影响曝光时间的长短,也会影响景物的清晰程度。有些夜景无法用相机精确地测定距离,只好用较小光圈增大景深范围来弥补。在一般光线下拍摄夜景,光圈可缩小到 f/5.6—f/8。如果夜晚的路灯亮一些,可采用小口径光圈相应延长曝光时间(图16-4)。

图 16-4 《瓯江桥夜色》(黄超凡 摄)

思考与练习题

1. 如何拍摄出美丽的星轨、焰火及车辆的光轨？
2. 通过哪些摄影手段能够拍摄出迷人的城市夜景？

 摄影创作实训

1. 进行城市夜景的拍摄训练。
2. 进行星轨、焰火、光轨等夜景摄影的拍摄创作实践。

摄影艺术创作与创意设计

本章学习目标

1. 了解摄影艺术创作的特点,掌握摄影艺术作品的创作技巧。
2. 进行艺术创作构思,创作出优秀的摄影作品。
3. 进行创意与设计,全面提升摄影的创作能力与水平。

本章内容思维导图

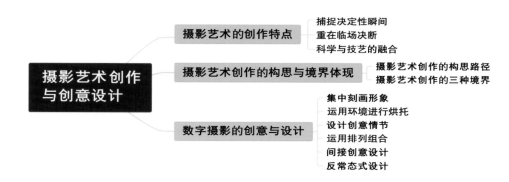

第一节 摄影艺术的创作特点

摄影艺术的创作构思是在反映客观世界的过程中所进行的能动的思维活动,它在摄影艺术创作过程中具有重大意义,摄影者进行创作构思的目的是探求能够充分体现创作意图的艺术形象。摄影艺术是心灵的艺术,也是视觉艺术,是一种审美评价活动,其最本质的创作思想是以人为本、天人合一。

摄影艺术是一种审美评价活动,在摄影创作过程中,要把握好审美主体与陪体之间的关系。要了解主体与陪体的相关信息,把拍摄者的主观情感等因素融入主体与陪体之中。摄影艺术是科学与艺术紧密结合的产物,摄影艺术创作具有如下特点。

一、捕捉决定性瞬间

摄影者要对客观生活中的具有审美价值的瞬间场景做出审美判断,并及时抓取决定性瞬间。从题材的发现到按下快门,往往只是短暂的一瞬(图 17-1)。

图 17-1　《觅踪》

二、重在临场决断

车尔尼雪夫斯基说:"高度的智慧是从观察中得来的。"摄影家的创作智慧需要在日常观察中培育。题材的发掘、主题的升华、造型的处理与形象的把握,都离不开拍摄者对现场的深入观察。有人把相机比作"身体以外的眼睛",也有人把摄影称为"猎影",这些都说明了现场观察的重要性。拍摄现场情况瞬息万变,摄影创作过程中需要根据客观环境的变化不断完善创作构思(图 17-2)。

图 17-2　《猎影者》

三、科学与技艺的融合

摄影艺术语言和现代科学技术有着十分密切的关系，摄影创作构思是在摄影器材和摄影技术的限制下进行的，离开了摄影技术，任何巧妙的构思都无法实现。

形式与内容的统一，是摄影创作所遵循的基本美学原则。就作品思想内容的主导作用而言，内容决定形式(图17-3)。

图17-3 《美丽女孩》

第二节　摄影艺术创作的构思与境界体现

　　摄影艺术的构思贯穿于摄影创作全过程,需要对拍摄主体的选择、光线的运用、拍摄的角度、拍摄的时机、景深的控制、影调的运用、构图的形式、后期的制作效果等方面进行统筹考虑。

　　摄影艺术的构思会随着光线、被摄主体、陪体、拍摄角度及构图因素等方面的变化而变化。摄影艺术的构思受到摄影者的艺术修养、审美能力、生活经历、思维想象能力、艺术风格等诸多因素的影响。摄影者应从平凡的事物中看到不平凡的东西,将客观现实生活中的形象塑造为典型的艺术形象。

一、摄影艺术创作的构思路径

1.筛选形象主体

　　在摄影中,要避免机械式地照搬被摄主体,这样难以揭示主题思想内涵,谈不上艺术构思。摄影者应从客观现实生活中寻觅并筛选形象主体,通过摄影构思将其艺术性表现出来(图17-4)。

图17-4　《戏梦人生》

2.把握瞬间灵感

　　摄影艺术构思中的灵感是一种独特的思维活动,具有瞬间爆发的特性。摄影创作者的构思灵感来源于现实生活和创作者的艺术修养、审美能力及生活阅历。一位富有艺术修养的摄影艺术家在灵感出现时,往往能及时准确地抓住机会,快速进行构思(图17-5)。

图 17-5 《快乐时光》

3. 强化整体构思

提前做好整体构思，有助于创作出优秀作品。构思须着力把握好中心环节，如主题思想内容的确立、主体形象的选择、构图形式的精心设计等（图 17-6）。

图 17-6 《"醉"红尘》

4. 形象思维贯穿全程

形象思维具有以下两个特点：一是对被摄主体进行选择、提炼，使之成为生动、鲜明、典型化的艺术形象；二是形象思维在整个摄影创作过程中会受到情感的诱导、冲击和推动，表现出摄影者强烈的审美情感（图 17-7）。

图 17-7 《祝福》

二、摄影艺术创作的三种境界

艺术构思是摄影者创作的基本依据和重要前提,它汇聚了摄影者的世界观、艺术才能、文化修养和表现技能等诸多因素,是决定摄影作品创作成败的关键。其境界体现为三个层次:

第一层次为"见山是山"的摄影创作初境。常见于那些热心创作的普通摄影者,能够发现美,并有把自然美转化为艺术美的意图,但仅仅关注一些表象,没有深入到艺术心智的修为,是表层化的东西。就整个摄影艺术创作而言,初境仅是认知阶段,是一种"过境",是过渡形式。因此,这仅是"见山是山,见水是水"的第一层境界。

第二层次为"见山不是山"的摄影创作困境。这是形向意、实向虚的过渡,是提高摄影艺术层次的必经之路,也是最难突破的一种境界。达到这种境界的摄影者,在一定程度上掌握了自然美转化为艺术美的要素,如空间透视、画面的影调和色彩构成等。这一阶段,摄影者拍摄的作品通常会有一种形式美感,也能供人欣赏,但整体缺乏深度。所以说达到这种境界能让摄影者尝到"为伊消得人憔悴"的滋味。初境向困境的递进,实际是由表及里、由外到内的深入,却又未真正触及深藏的艺术灵性,艺术行为表现为困乏沉静。因此,这体现的是"见山不是山,见水不是水"的第二层境界。

第三层次为"见山又是山"的摄影创作境界。摄影者通过想象把对拍摄对象的感受和理解进行加工、改造、整理,找出拍摄对象最具特征的形象,运用恰当的表现手段,创造出新的主题和内容,它更能彰显出被摄对象的艺术形象特质,并折射出摄影者的哲学思考、文化高度和艺术修养。可以说这是一种悟境,是"见山还是山,见水还是水"的第三层境界。

第三节　数字摄影的创意与设计

创意是摄影艺术作品的灵魂。优秀的摄影艺术作品往往是靠新奇的创意、新颖的形象、独特的设计取胜的。

一、集中刻画形象

在拍摄角度的选择、用光处理和拍摄技巧的运用上，要善于发现被摄主体抽象的、内在美的因素，捕捉最富表现力的镜头。拍摄时，不仅可以呈现被摄主体的整体形象，再现其全貌，也可做局部特写，以突出被摄主体最富有形象感的部位，强化整体视觉创意效果（图17-8）。

图17-8 《城市之光》

二、运用环境进行烘托

将被摄主体置于一定的环境之中，或选择适当的陪衬物来烘托主体，这在摄影作品创意设计中也是常见的表现手法（图17-9）。

图17-9 《质朴与时尚》

三、设计创意情节

设计创意情节可给人以想象空间，设计时既要安排得生动合理，又要能突显被摄主体。情节创意设计通常是由摄影者编导出一个富有戏剧性的场面，使演员在情节表演上具有夸张的幽默感（图 17-10）。

图 17-10 《心在飞》

四、运用排列组合

同一件物品或一组系列物品在画面上按照一定的组合排列形式出现，可使被摄主体成为画面的视觉中心（图 17-11）。

图 17-11 《组合》

五、间接创意设计

有些创意摄影的画面不含有被摄主体形象，而只用与被摄主体有心理关联的其他形象，即在含义上与被摄主体有同构关系的形象来表现。通过运用比喻与暗示的表现手法，间接、含蓄地塑造和表现被摄主体(图17-12)。

图 17-12 《中国梦》

六、反常态式设计

当人们看到与自己视觉经验有极大不同的事物时，其心理会受到不同程度的冲击。许多优秀的创意摄影作品常常人为地制造出反常态的超现实的表现,赢得受众的关注,其目的在于通过新奇的视觉形象,给人们带来视觉和心灵上的震撼(图17-13)。

图 17-13 《晾晒》

　　"心有多大,舞台就有多大。"数字技术的飞速发展为摄影艺术创作提供了强大的技术支持。特别是数字后期处理技术,使摄影在创意表现方面如虎添翼,它赋予了摄影艺术作品无尽的表现力。借助 Photoshop 等后期制作软件,能轻松将拍摄主体与意向中的环境天衣无缝地融合在一起,让作品主题表达更具新颖性和艺术性。

　　数字技术搭建了摄影与其他视觉艺术门类交流的桥梁,使得摄影与绘画、雕塑、平面设计等各类艺术形式相融合,形成新的视觉语言和创作思路,开辟出新的创作空间。

 思考与练习题

　　1. 如何进行构思创意并拍摄出富有独特艺术韵味的摄影作品?

　　2. 如何筛选形象主体?

 摄影创作实训

　　1. 进行摄影艺术创作实拍训练。

　　2. 开展各种类别的摄影艺术创作活动。

　　3. 精心构思并进行创意设计,拍摄出具有典型瞬间的摄影艺术作品。

第十八章 数字相机高清视频拍摄

 本章学习目标

1. 了解数字相机高清视频拍摄的特点,并掌握拍摄技巧。
2. 了解相机视频格式与录音方式。
3. 掌握数字相机高清视频拍摄要领。

 本章内容思维导图

```
                         ┌── 获取更优画质
                         ├── 可更换不同镜头
          数字相机高清视频拍摄的优势 ─┼── 可利用高感光度
                         ├── 可利用长焦或微距进行虚化
                         └── 性价比高且操作简便

数字相机                    ┌── 视音频格式
高清视频拍摄 ──── 视音频格式和相关设置 ─┤
                         └── 数字相机视频拍摄前的相关设置

                         ┌── 准备适宜的拍摄器材
                         ├── 设置相机视频拍摄的对焦模式
                         ├── 设置适宜的快门速度
          数字相机高清视频拍摄的要领 ─┼── 提高录音质量
                         ├── 合理使用防抖功能
                         ├── 使用高分辨率的数字相机
                         └── 利用滤镜控制曝光
```

第一节　数字相机高清视频拍摄的优势

数字相机高清视频拍摄是指基于数字相机的一种视频拍摄模式。随着数字芯片时代的到来,利用数字相机拍摄高清视频已经成为一种普遍现象。此外,三脚架、跟焦器、监视器、外置电池等用于数字相机视频拍摄的辅助配件也越来越齐全。数字相机感光元件比传统摄像机尺寸更大,感光能力更强,从而受到广大专业摄像师的青睐。数字相机可任意更换不同的焦段镜头,来增强高清视频的拍摄效果。利用数字相机拍摄高清视频,其优势主要体现在以下几个方面。

一、获取更优画质

目前主流数字相机的感光元件传感器的面积通常大于摄像机的,这使数字相机视频产生更优质的画面效果,在成像上也成为一个主要优势。数字相机大的感光元件还能够带来高像素采样,以及更广的动态范围、更好的感光能力。用数字相机拍摄高清视频,像素是图像成像质量的基础。虽然目前不少手机已经达到 4 000 万像素的级别,但受限于图像处理器类型及采样方式的差别,得到的最终画质也难以与数字相机相提并论。

二、可更换不同镜头

专业数字相机通常都有丰富的多焦段镜头,比如 8 毫米的鱼眼镜头、800 毫米的超远摄镜头。此外,还有移轴镜头、微距镜头以及折返镜头等。

三、可利用高感光度

在弱光下拍摄,为避免曝光不足,通常要对摄像机进行增益设置,虽然有效地弥补了曝光不足的问题,但同时也会增加画面的噪点,降低影像的画质。而利用专业数字相机进行高清视频拍摄时,可通过提高感光度实现弱光环境下的高品质画面。

四、可利用长焦或微距进行虚化

专业数字相机拥有丰富的镜头群,运用其长焦距镜头或微距镜头能轻松有效地虚化被摄主体的背景。

五、性价比高且操作简便

相比专业数字摄像机,数字相机的价格较为便宜,而且还可以更换各种不同焦段的镜头。而同等价位的数字摄像机很少有能更换镜头的。此外,数字相机相对小巧,相对于传统摄像机来说更便于携带,操作上也非常简便,在进行摇或移镜头的视频拍摄中相对便捷,而且所拍摄的高清视频画面整体画质较为细腻,能够节省数字后期处理的时间。

第二节　视音频格式和相关设置

一、视音频格式

(一)视频格式

视频格式是视频编码方式,分为本地影像视频、流媒体影像视频两类。前者播放画面质量上优于后者,但后者(网络流媒体影像视频)具有广泛传播性的特点,被广泛应用于短视频点播、远程教育、网络视频广告等领域。

常见的视频格式如下:

1.MPEG格式

MPEG的英文全称为Moving Picture Experts Group,即运动图像专家组。VCD、SVCD、DVD就是这种格式。MPEG文件格式是运动图像压缩算法的国际标准,它采用了有损压缩方法,从而减少了运动图像中的冗余信息。

2.AVI格式

AVI(Audio Video Interleaved)是视音频交错的英文缩写,即将视频和音频封装在一个文件里,且允许音频同步于视频播放。AVI格式是由微软公司开发出来的,优点是图像质量好,可以跨多个平台使用;缺点是体积过大,压缩标准不统一。为了追求压缩率和图像质量的目标,newAVI成为一种新视频格式,拥有更高的帧率。

3.ASF格式

ASF(Advanced Streaming Format)高级串流格式,是一种可直接在网上观看视频节目的文件压缩格式。它使用了MPEG-4的压缩算法,其压缩率和图像质量都很不错。它的图像质量比VCD差一点,但比RAM格式(同是视频流格式)要好。

4.MOV格式

MOV即QuickTime影片格式,它是一种视音频文件格式。Adobe公司的After Effect和

Premiere 等专业级视频处理非编软件可以对这种格式进行处理。MOV 的优点是支持的平台多而且文件容量小，视频的画面效果较 AVI 格式要稍微好一些。

5．WMV 格式

WMV（Windows Media Video）是微软推出的一种流媒体格式。因体积小，很适合在网上播放和传输。WMV 的主要优点在于：可扩充的媒体类型，本地或网络回放，可伸缩的媒体类型，支持多语言，等等。

6．RM 格式与 RMVB 格式

RM 格式是 Real Networks 公司所制定的视音频压缩规范，全称为 Real Media，RM 作为目前主流网络视频格式，能够实现在低速率的网络上进行影像数据实时传送和播放。

RMVB 格式是由 RM 视频格式升级而来的视频格式，它打破了原先 RM 格式平均压缩采样的方式，采用较低的编码速率，留出了更多的带宽空间。

7．FLV/F4V 格式

FLV 是 Flash Video 的简称，是一种视频流媒体格式。它形成的文件较小，加载速度很快，便于网络观看这类视频文件，其应用较为广泛。F4V 是继 FLV 格式后由 Adobe 公司推出的支持 H.264 的高清流媒体格式，它和 FLV 的主要区别在于，FLV 格式采用的是 H.263 编码，而 F4V 则支持 H.264 编码的高清晰视频，码率最高可达 50 Mbps。F4V 格式更利于网络传播，已逐渐取代 FLV，且已被大多数主流播放器兼容播放。

（二）音频格式

音频格式即音乐格式，是指在计算机内播放或是处理音频文件，是对声音文件进行数模转换的过程。音频格式最大带宽是 20 000 Hz，速率介于 40—50 kHz 之间。

常见的音频格式如下：

1．CD 格式

CD 格式的音质是较高的音频格式。标准 CD 格式也就是 44.1 kHz 的采样频率，速率 88 K/s，16 位量化位数。

2．WAV 格式

WAV 是微软公司开发的一种声音文件格式。支持多种音频位数、采样频率和声道。标准格式的 WAV 文件也是 44.1 kHz 的采样频率，速率 1 411 K/s，16 位量化位数，声音文件质量和 CD 相差无几，也是 PC 机上广为流行的声音文件格式，几乎所有的音频编辑软件都可以编辑 WAV 格式。

3．AIFF 格式

AIFF（Audio Interchange File Format）格式是苹果电脑上面的标准音频格式，属于 Quick-Time 技术的一部分。由于 Apple 电脑多用于多媒体制作出版行业，因此，几乎所有的音频编辑软件和播放软件都或多或少地支持 AIFF 格式。

4.MP3格式

MP3格式指的是MPEG标准中的音频部分，也就是MPEG音频层。根据压缩质量和编码处理的不同分为3层，分别对应 *.MP1/ *.MP2/ *.MP3 这3种声音文件，通常用 *.MP3 格式来储存。MPEG音频文件的压缩是一种有损压缩，MPEG3音频编码具有 10:1—12:1 的高压缩率，同时基本保持低音频部分不失真。

5.MIDI格式

MIDI(Musical Instrument Digital Interface)格式被经常做音乐的人使用，MIDI允许数字合成器和其他设备交换数据。MID文件格式由MIDI继承而来。MID文件并不是一段录制好的声音，而是记录声音的信息，然后让声卡再现音乐的一组指令。这样一个MIDI文件每存1分钟的音乐只用大约5—10KB。MID文件主要用于原始乐器作品、流行歌曲的业余表演、游戏音轨以及电子贺卡等。*.MID 文件重放的效果完全依赖声卡的档次。*.MID格式的最大用处是在电脑作曲领域。

6.WMA格式

WMA(Windows Media Audio)格式来自微软，音质要强于MP3格式，WMA的压缩率一般都可以达到 1:18 左右。WMA的另一个优点是内容提供商可以通过DRM(Digital Rights Management)方案(如 Windows Media Rights Manager 7)加入防拷贝保护。这种内置了版权保护的技术可以限制播放时间和播放次数甚至播放的机器等，这对被盗版搅得焦头烂额的音乐公司来说是一个福音。另外，WMA还支持音频流(Stream)技术，适合在网络上在线播放。

7.RealAudio格式

RealAudio(简称:REAL)主要适用于在网络上的在线音乐欣赏。REAL的文件格式主要有RA(RealAudio)、RM(Real Media,RealAudio G2)等。

8.FLAC格式

FLAC与MP3相仿，都是音频压缩编码，但FLAC是无损压缩，也就是说音频以FLAC编码压缩后不会丢失任何信息，将FLAC文件还原为WAV文件后，与压缩前的WAV文件内容相同。这种压缩与ZIP的方式类似，但FLAC的压缩比率大于ZIP和RAR，FLAC文件的体积约等于普通音频CD的一半，在播放当中，FLAC文件的每个数据帧都包含了解码所需的全部信息，这保证了它的实用有效和最小的网络时间延迟。

二、数字相机视频拍摄前的相关设置

(一)设定分辨率、帧速率和扫描方式

1.设定分辨率

数字相机视频拍摄分辨率通常设置为以下几种:4 096×2 160(4K 超高清)、1 920×1 080(全高清)和 1 280×720(高清)。

2．设定帧速率

数字相机视频拍摄帧速率包括 60 帧/秒（实际为 59.94 帧/秒）、50 帧/秒、30 帧/秒（实际为
29.97 帧/秒）、25 帧/秒、24 帧/秒（实际为 23.98 帧/秒）。60 帧/秒和 30 帧/秒是 NTSC 制的标准，
50 帧/秒和 25 帧/秒是 PAL 制的标准。如果拍摄的视频要在美国等 NTSC 制地区的电视台播出
就要使用 60 帧/秒或 30 帧/秒的帧速率；如果要在中国或欧洲的电视台播出就要使用 50 帧/秒
或 25 帧/秒的帧速率；而 24 帧/秒的帧速率最接近电影的视觉效果（电影胶片拍摄的标准速率
为 24 格/秒）。如果拍摄的视频是在网络传播，那么选任意一种帧速率都是可以的，建议选择
24 帧/秒的帧速率。

3．设定扫描方式

扫描方式有两种：隔行扫描（用 i 表示）和逐行扫描（用 p 表示）。对于网络视频来说，建
议选择逐行扫描方式，这样在电脑显示屏上可以获得更好的视觉体验。另外采用逐行扫描拍
摄的视频素材，在后期制作中可以获得比隔行扫描更好的效果。在实际应用中，通常会把分
辨率、帧速率和扫描方式这三项或其中的两项合在一起，用一些缩写来描述，如 1 080p、50i；
720p60 等。

（二）设定白平衡

在进行数字视频或图片拍摄时，RAW 格式的图片可以很方便地在后期制作中根据需要来
改变色温，但视频就不同了。由于相机目前只能记录高度压缩后的视频画面，所以在后期改动
的余地是非常有限的。这就要求在前期必须尽可能地设定合适的白平衡。如果光源的色温统
一，通常机身自动白平衡就可以获得不错的表现。但如果碰到拍摄环境光线比较复杂的混合
色温，就比较麻烦一点。相机通常都支持手动白平衡的设定，可以根据机身内置的模式（如太
阳、阴天、钨丝灯等）来设定，有的机身可用数字形式来精确调整白平衡。

（三）设定光圈和 ISO

视频拍摄时光圈的设定有时候与图片是不同的。图片拍摄时通常只需要考虑单幅画面，
而视频拍摄时需要考虑前后几个镜头的衔接问题。比如拍摄一组两人对话镜头（即正反打）时，
可能两人所处的位置导致环境光线不同，这时不能轻易通过改变光圈来控制曝光。因为光圈
的变化会导致景深发生变化，而当把这样的两个镜头剪辑在一起时，会觉得很不舒服。在这种
情况下，通常会在拍摄两人时保持同样的光圈，以保证同样的视觉效果。

在较暗的拍摄环境中，提高 ISO 可将画面曝光控制到合适的程度。但如果 ISO 值过高，就
会让画面产生大量噪点，影响画质。所以，当光线不够时不能一味地提高 ISO 值，而应该把它
控制在一个合适范围内。比如拍摄一些新闻或记录性质的影片，正在发生的事件是不可再现
的，则以"拍到"作为第一要旨，所以即使损失画质，也会提高 ISO 来保证曝光正常。而电影或
广告这类作品，通常对画质的要求很高，在利用佳能 EOS 系列等数字相机时，建议 ISO 值不要
高于 1 600 拍摄视频。

（四）设定快门速度

1. 确保运动视频的流畅程度

对于平面摄影来说,快门速度越快,越容易捕捉到清晰的动作。但利用数字相机进行视频拍摄时,如果快门速度太高,容易导致视频中的运动变得不流畅。建议将快门速度设定为帧速率的两倍,比如帧速率设定在 24 或 25,则把快门速度设定为1/50 秒较为适宜。

2. 控制曝光量

快门速度越快,单位时间内进光量就越少;快门速度越慢,单位时间内进光量就越多。通过设定快门速度,可以有效控制曝光量。在曝光不足的情况下,可以适当降低快门速度来获得更多的进光量,但快门速度最低不宜低于 1/30 秒。

3. 有效避免频闪现象

日光灯等人造光源正常是以一定的频率闪烁的, 只是人眼可以自动调节来适应这种闪烁,但数字相机会把这种闪烁记录下来,以致所拍摄的视频画面会不停地出现闪烁的条纹。为此,可将数字相机的快门速度设定为当地供电频率的倍数。比如在 50 Hz 的地区,将数字相机的快门速度设定为 1/50 秒或 1/100 秒;在 60 Hz 的地区,将快门设定为 1/30 秒、1/60秒或1/120 秒。

（五）合理设定音频

大多数相机不允许用户手动控制音频电平,没有 XLR 的音频输入接口,没有可供监听使用的音频输出接口,音频功能通常是数字相机的薄弱环节。对于佳能 5D Mark III 以上级别的相机,可根据拍摄现场的实际声音状况调整好音频电平。相机上的内置话筒,很难满足声音采集需求,建议选择一支外置机头话筒来提高录音效果。使用外置话筒时,须打开话筒开关。

第三节　数字相机高清视频拍摄的要领

数字相机不仅能拍摄出高品质的照片,还能拍摄出高质量的视频,如 4K 超高清、120p 慢动作、Log 模式等。

一、准备适宜的拍摄器材

选用数字相机进行视频拍摄(建议使用高速储存卡)时,要有一个匹配好用的三脚架,以便固定相机。同时,建议带上数字相机视频拍摄外接监视器等。

二、设置相机视频拍摄的对焦模式

点击数字相机菜单(Menu)按钮,在设置为短片拍摄模式前提下,会显示出自动对焦的三大模式,分别为实时模式、快速模式和面部优先模式。对于实时模式来说,可以通过移动照相机左面的几个方向键进行相应对焦,主体清晰即可正式拍摄。面部优先的对焦模式属于自动对焦模式,打开创意模式下拍摄按钮,按下后会发现画面已经进入了视线范围内,它常用于拍摄人物的脸部,在对焦的同时会出现一个方框,这时可按下左右键进行调节,然后进行自动对焦,待画面清晰时,按下视频拍摄按钮,即可开始视频拍摄,再按下一次,可结束视频拍摄。在进行视频画面的对焦拍摄时,要最大限度做到平滑精准。

三、设置适宜的快门速度

在使用数字相机拍摄视频时,如果快门速度过高,视频会出现卡顿现象;如果快门速度过低,视频画面清晰度又显得较差。建议将快门速度设置为帧速率 2 倍的倒数,如果拍摄的视频规格为每秒 24 帧或 25 帧,则将快门速度设定为 1/50 秒。

手动对焦模式下拍摄视频,需将镜头对焦模式切换到手动对焦 MF 模式,然后选择左右键移动到合适的位置,通过放大图像按钮进行放大,可以清晰地找到画面中的主体,对主体进行精准对焦后,可拍摄出清晰的视频画面。

四、提高录音质量

数字相机虽然自带内置麦克风,但如想获得更优质的音效,往往需要外接强指向性的麦克风,这样,可以有效提升高清视频录音质量。此外,可使用带有耳机监听接口的机型,以便实时监听录音效果。

五、合理使用防抖功能

利用数字相机拍摄视频,通常借助三脚架或者云台来固定相机以保障画面品质,提高清晰度。如手持数字相机拍摄,则需选配支持光学防抖的镜头,并建议用广角镜头进行拍摄,以提升画面品质,最大限度减弱因手抖对画面造成的影响。

六、使用高分辨率的数字相机

利用数字相机拍摄高清视频,应尽量选择并使用支持拍摄 4K 甚至 8K 分辨率的相机进行前期拍摄,为后期二次构图裁切提供空间效能。

七、利用滤镜控制曝光

拍摄视频时,要想取得良好的虚化效果,往往需要大口径光圈与慢速度快门的组合,但快门速度在设置上会受到限制。比如在光线充足的环境下,即便设置 ISO 100 的低感光度,使用大口径光圈和慢速度快门的组合,也容易出现曝光过度现象。在这种情况下可借助 ND 滤镜来减少进光量,调整曝光,使拍摄的视频画面达到理想的画面品质与良好的视觉效果。

 思考与练习题

1. 如何利用数字相机拍摄出高清晰的视频作品?

2. 如何利用数字相机的优势进行微电影、电视纪录片以及 MV 的创作?

 摄影创作实训

1. 利用数字相机进行高清视频实拍训练。

2. 运用数字相机拍摄创作一部高清视频短片。

手机摄影

本章学习目标

1. 了解手机摄影的特点,掌握手机摄影的拍摄技巧。
2. 进行创意与设计,提升手机摄影的创作能力与水平。

本章内容思维导图

手机摄影

手机摄影的实用技术
对被摄主体进行精准聚焦
科学测光以确保画面曝光准确
合力运用手机曝光补偿功能
利用白平衡还原真实色彩
灵活构图

科学设置以提高拍摄成效
设置对焦模式
设置光圈与快门
设置防抖功能
设置手机感光度

手机摄影的创作技巧
雨天拍摄
夜晚拍摄
多重曝光
全景拍摄
HDR功能
手机后期制作软件

第一节　手机摄影的实用技术

如今,手机摄影因其便携性与简单易学等特点已成为一种潮流。要想学好手机摄影,应坚持多思、多拍,注重长期积累。

如今，手机早已成为那些拍摄街头纪实题材的摄影师最喜欢的拍摄器材之一，因手机小巧甚至具有隐蔽性等特点，使得他们在拍摄记录各种典型瞬间时能够得心应手。

现在是一个全民摄影的时代，而要想创作出优秀的手机摄影作品，就需要掌握手机摄影技法以及构图、用光、色彩等方面的知识。

一、对被摄主体进行精准聚焦

手机采用的是自动对焦模式，要想精准聚焦，需要手指触屏点击聚焦区域和聚焦点，待聚焦清晰后，再轻点拍摄按键。拍摄时，最好借助手机三脚架进行固定。也可以利用手机的耳机线上的暂停键进行拍摄，最大限度地保障手机摄影时的稳定性。还可启用手机拍摄防抖功能。

二、科学测光以确保画面曝光准确

使用手机拍摄时，用手触碰屏幕，会出现一个小方框或小圆框，其作用是对其框住的景物进行自动测光。测光时，所选区域位置的亮与暗会影响整体曝光的情况。当对准浅白色（较亮）部分区域测光时，显示所需曝光量就偏少，按此测光数据进行曝光，整体画面会曝光不足，并呈现较暗淡的画面效果。相反，如果对焦深黑色（较暗）区域进行测光，测光系统会提示需要增加曝光量，按此测光数据进行曝光，整体画面会曝光过度，总体呈现发白的画面效果。选择画面中明暗适宜的位置进行测光，对整体画面准确曝光显得非常关键。

三、合理运用手机曝光补偿功能

使用手机的自动模式能够拍出较为理想的照片，但对于一些亮度不均的场景来说，就可能出现明显的曝光过度或曝光不足等问题，这时需要使用曝光补偿功能。在拍摄主体为白色的被摄场景时，可以适当增加1—3档左右的曝光补偿，这样拍出来的主体颜色会更趋近于真实的纯白。在拍摄主体为黑色的被摄场景时，可以适当减少1—3档左右的曝光补偿，使被摄物体颜色更趋近于纯黑。这样有利于被摄主体色彩的真实还原，同时能够保障被摄主体细节的呈现。

进行手机摄影时，在光比（画面明暗对比）较大的场景环境下，通过调整曝光补偿有助于准确曝光，从而使整体画面看起来更加协调统一。因大多数智能手机不支持 RAW 格式存储，故而在使用手机曝光补偿功能时，切忌过度调整，一旦曝光严重不足或过度，后期几乎无法弥补，因此在拍摄时要把握好曝光补偿的尺度。

四、利用白平衡还原真实色彩

不少手机摄影爱好者会发现所拍摄出来的照片颜色不正，其原因就出在白平衡上。白平衡的选项可以在手机拍摄界面进行设置，点击相应的白平衡模式即可。手机拍摄的白平衡模式包括自动、白炽光、日光、荧光和阴天等。

　　拍摄前,要预先设置并调整好手机白平衡模式,以便精确地还原色彩。手机拍照的白平衡设置默认为自动白平衡(AWB),通常情况下,手机摄影使用自动白平衡模式就可获得较好的色彩还原,也可尝试在手机拍摄时选择手动调节白平衡拍摄同一场景,个性化还原被摄主体的色彩(图 19-1)。

图 19-1 《晨光》
（叶思琦 摄）

五、灵活构图

　　手机摄影构图包括拍摄题材的选择、拍摄主题的确立、画面形式的表现、造型技巧的运用等方面,它是摄影者创作思想的外化体现,通过点、线、面、空间、形状等的有机融合,在深化表现主题的前提下,使得被摄主体所处的画面更具形式美感与艺术魅力。

第二节　科学设置以提高拍摄成效

一、设置对焦模式

　　被摄主体清晰与否,精准对焦很关键。要想做到精准对焦,就必须对各种对焦模式及其特点、适于拍摄的题材以及相关注意事项了然于胸,这样才有助于选择适合的对焦模式。

(一)触屏对焦模式

用手触及手机屏幕上想要聚焦的位置,屏幕所触及的地方就会变得清晰,离之较远的地方就会虚化模糊。

(二)手控对焦模式

通过手控对焦器自由拖动画面对焦点,实现精准对焦,轻松控制画面的景深效果。该对焦模式能够严格控制好对焦精度,特别适合拍摄微距题材的摄影作品。

(三)自动对焦模式

目前手机自动对焦模式主要包括反差对焦、相位对焦和激光对焦三种。

1. 反差对焦——CDAF(Contrast Detection Auto Focus)

反差对焦是目前普及率最高、使用最广泛的自动对焦技术,也称对比度对焦。对焦成功以后,直观的感受就是主焦点的清晰度最高,而主焦点以外的区域则相对模糊。使用反差对焦的手机在拍照过程中,如果取景框中的主体位置有了变动,从手机屏幕上就可以直观看到被摄主体由模糊变为清晰的过程。反差对焦的主要缺点是对焦耗时较长,它类似手动调焦的过程:模糊—清晰—模糊—重回清晰。

2. 相位对焦——PDAF(Phase Detection Auto Focus)

手机摄影相位对焦是将自动对焦传感器和像素传感器直接集成在一起,即从像素传感器上拿出左右相对的成对像素点,分别对场景内的物体检测其进光量等信息,通过比对左右两侧的相关值的情况,迅速找出准确的对焦点,之后完成对焦。该模式对焦速度较快,在画面上也不会有来回对焦的情况。相位对焦对光线的要求比较高,在弱光拍摄环境下,相位对焦就无能为力了。

3. 激光对焦——LDAF(Laser Detection Auto Focus)

手机拍摄的激光对焦通过后置摄像头旁边的红外激光传感器向被摄主体发射低功率激光,经过反射后被传感器接收,并计算出与被摄物体之间的距离,之后完成对焦。它和相位对焦一样,同样是一次完成。激光对焦技术对于微距、弱光环境以及反差不够明显的区域效果显著,能够有效提高手机在这些情况下的对焦成功率,只是在对焦速度上一般。而在光线正常的条件下,激光对焦的速度和相位对焦一样非常快。

二、设置光圈与快门

光圈在手机摄影中主要起到以下作用:限制由镜头进入的光通量,调节影像的亮度;减少镜头的残留像差,提高解像力;变换景深;使画面中心部和边缘部的光量均匀。受限于手机镜头体积大小等原因,手机镜头几乎没有光圈叶片,通常只有固定的光圈值,一般用最大光圈拍摄。手机镜头的焦距一般都很短,通常在4毫米左右。手机的光圈和单反相机的光圈完全是两个不同的概念。手机摄影中,光圈f值=镜头焦距/镜头有效口径直径,f系数越小,光圈单位时间进光量越大。光圈是一个用来控制光线透过镜头进入机身的装置,它通常在镜头内。光圈的作用在于调节镜头的进光量。在快门速度不变的情况下,f 数值系数越小,光圈口径越大,被摄主体前后清晰范围则越小,单位时间进光量越多,曝光就越充足,画面就越亮,主体的背景虚化程度明显;f 数值系数越大,光圈口径越小,被摄主体前后清晰范围则越大,单位时间进光量越少,曝光就越不充足,画面则越暗。

　　手机摄影采用的是电子快门,其快门速度高低影响照片亮度,可以有效冻结或模糊动作,达到某种戏剧效果。快门速度越慢(曝光时间越长),进光量越充足,照片也就越亮。快门速度慢(曝光时间长),画面中的移动物体将会沿着其运动轨迹方向变模糊。摄影师可通过有意地模糊移动主体达到一种速度感的效果。风光摄影师可通过放慢快门速度的方法来突出河流、瀑布的动感。如果用特别高的快门速度,则可以瞬间冻结运动中的移动物体。飞翔的小鸟、飞驰的越野车、激起的水花等瞬间就可以被捕捉记录。拍摄时,要充分考虑安全快门,即手持手机能把照片拍清晰,画面没有拖影的相对较慢的快门速度(通常是1/30 秒—1/60 秒)。快门速度设置要根据天气、环境光、气候等因素以及想要获得什么样的效果来综合考虑。比如拍溪流,可以用 1 秒甚至更慢的快门速度拍,也可以用 1/1 000 秒以上的高速快门拍,其拍摄的照片效果大相径庭。前者会呈现出如丝如雾般的效果,后者则会呈现凝结画面的效果。一些常用拍摄场景的快门速度可参考以下范围:拍摄飞翔的鸟,除了需要用到长焦距拍摄之外,还得用1/2 000 秒以上的高速快门,才能凝结住鸟儿飞翔时的瞬间;而拍摄足球、篮球、拳击、赛车、滑雪、快艇等项目的体育赛事,通常需要用 1/500 秒至 1/1 000 秒甚至更快的快门速度;日常拍摄通常要用到 1/125 秒至 1/500 秒的快门速度;而景观拍摄通常要用到 1/60 秒至 1/125 秒的快门速度;车辆等动体追随拍摄,通常要用到 1/15 秒至 1/60 秒的快门速度,手机拍摄时跟随移动主体移动拍摄,能得到汽车局部模糊的特殊效果,模糊程度受汽车与手机拍摄时的相对速度及快门速度影响,汽车相对速度快,快门速度慢,主体模糊程度就高;拍摄瀑布建议使用 2 秒至 1/15 秒的快门速度(需使用手机架),这样容易将流瀑虚化成丝绸般的效果,非常美观新颖;拍摄车流建议使用 2 秒至 16 秒(需使用手机架)低速快门,随着曝光时间的加长,通过画面的车流更多,光轨则更粗壮、更密集,画面更亮。拍摄车流时画面不宜过曝。

三、设置防抖功能

　　光学防抖的英文全称为 Optical Image Stabilization(简称 OIS),它是依靠特殊的镜头或者CCD 感光元件的结构,可降低操作者在使用相机或手机拍摄过程中由于抖动造成的影像不稳定,它能有效克服因相机或手机振动而产生影像模糊的问题。电子防抖是主要依靠数字处理技术实现的防抖,当前电子防抖主要有通过提高相机或手机的感光度(ISO)而实现的自然防抖和通过像素补偿或其他运算方式而实现的数码防抖两大种类。

　　目前很多旗舰手机都具有拍照防抖功能,其作用主要是提高成片率以及夜景清晰度,对弱光环境下提升被摄主体画质效果明显。一般情况下,开启防抖功能可以提高 2-3 档快门速度。

四、设置手机感光度

感光度,又称为ISO值,它是对光的灵敏程度的体现。ISO值越高,越能在弱光环境下实现正常拍摄,但画质也会随之下降。日常拍夜景,建议ISO值设置在400—800,这样拍出的夜景较为理想。如想突出灯光效果,也可将ISO参数调至100左右,使用手机架固定进行长时间曝光,这样可保证影像品质清晰锐利。

手机感光度对摄影创作的影响主要表现在两方面。高感光度有助于手机拍摄时获得较高的快门速度,但画面上的噪点比较大;低感光度可为手机摄影带来更为细腻的成像质量。在创作过程中,要想获取更高的画质效果,就需要降低感光度。

第三节　手机摄影的创作技巧

一、雨天拍摄

雨天时可借助雨条、雨珠等与周边环境融合,拍摄出千姿百态的雨景。

1. 雨滴

雨落在栏杆等静物之上,会显现出晶莹剔透的静态美。此外,雨滴上映现出来的动植物影像会使画面显得生动有趣。

2. 雨伞

彩色雨伞是雨天抢人眼球的一种景致,它以五彩斑斓的色彩与多种别致的造型为画面增添独特的艺术魅力。

3. 倒影

雨后的地面常常会生成水洼,它如同一面镜子,可产生有趣的倒影,令画面别具一格。

4. 人像

拍摄雨天路上行人是不错的选择,将人与景融为一体,会显得别开生面,富有意韵。

二、夜晚拍摄

利用手机拍摄夜景,首先要选好适宜的手机三脚架,保障稳定性。如果手持手机拍摄,要轻按快门,尽量减少手机的晃动。其次要选一个晴好的天气,这样的天气通透性好,有助于提升夜景的拍摄效果。再次要选对拍摄模式,最好选择专门的夜景拍摄模式,它可专门针对夜景拍摄进行优化。最后是利用好慢门,可选择一个比较高的位置俯视车流,有助于拍出车流的光线轨迹。

三、多重曝光

多重曝光是许多摄影爱好者常用的一种手法。通过多重曝光,能够得到神奇而梦幻的画面效果。多重曝光摄影,对摄影者的艺术修养与拍摄技法有一定的要求。

(1)双重曝光。按一下快门随即移动手机再按一下快门,App 会自动合成两张照片,变成一张双重曝光的照片。可以对这张双重曝光的照片进行简单的编辑,缺点是会损坏原图。

(2)运动轨迹多重曝光摄影。将手机固定在三脚架上,运用连拍功能,拍摄一系列动作,并采取多重曝光,就可以拍出带有运动轨迹的画面了。

(3)提高手机多重曝光的成功率。可采取从手机相册中导入原先用手机拍摄好的或者调整好明暗的图片,再用手机多重曝光软件即时进行第二次多重曝光,效果往往更佳。现场即时拍摄的手机照片,如果没经优化就直接进行第二次曝光,往往会因图片不够通透,导致第二次曝光叠加素材后,画面发灰或显得杂乱。

(4)精选时机与适宜的素材进行多重曝光。很多拍摄者往往是在遇到适宜的素材后再进行第二次曝光。因此,要提前准备好一些适合多重曝光的图像素材,在合适的时机,再导入手机多重曝光 App 进行第二次曝光叠加。

(5)精心构图,控制好多重曝光的画面重叠效果。在进行第二次曝光时,主体与陪体位置的安排,以及第一次拍摄的画面空间位置的预留,是多重曝光成败的关键之所在。第一次拍摄的画面要预留好空间,为第二次曝光留下叠加位置,以助于科学构图。在进行第二次曝光,通过手机屏幕查看叠加效果时,要注意主体与素材的重叠效果,不要让素材过多地叠加到主体最重要的区域,以免影响主体,令画面显得杂乱。

(6)善用"重曝"与"半透明"模式提升效果。手机摄影多重曝光效果最好的是"半透明"重曝模式,在运用此模式进行多重曝光时,能够将第二次曝光的素材分别叠加到原图的高光、中间调与暗部区域,这能使图像所有影调区都叠加素材,让多重曝光的图像多次叠加,手机实时显示的效果就是拍摄完成后的效果,所见即所得。

四、全景拍摄

多数智能手机内置了全景模式,拍摄时,启用手机拍摄的全景(或 Pano)模式。在进行全景拍摄时,要尽可能保持手机的稳定性。要想获得完美的全景,需要注意的是:一要拥有良好的光线,以确保画面构图均衡,避免光线剧烈变化,如无法控制光线而且光线反差特别大,就不要考虑使用全景模式。二要尽可能避免运动。当利用全景模式拍摄时,画面中如有人(或车辆)的移动,会造成很多变形或者"鬼影"。三要保持双手持稳手机。保持手机稳定并以正确的速度移动,建议使用一个小三脚架。通常情况下,全景照片都是在一些气势恢宏、场面广阔的地方进行拍摄。拍摄时,须确保画面每个部分光影的相对合理,以确保获得较好的全景画面效果。用相机拍全景相对麻烦些,需要拍摄很多张,再通过专业软件接片,费时耗力。而手机拍摄时需设置好全景拍摄功能,平稳地转动,几秒钟就可轻松完成。

图 19-2 《山里人家》 (聂荣龙 摄)

五、HDR 功能

如今的智能手机基本上都带有 HDR 功能(High Dynamic Range,高动态范围)。开启该功能后,手机在拍照时会连拍三张照片,分别对应欠曝、正常曝光和过曝,再合成为一幅照片,得到轮廓分明、层次感强的照片,同时能够提升暗部和亮部的细节表现。HDR 照片更加接近人眼所见,这样的照片高光部位效果更加鲜艳,而暗光部位则能显示更多细节。在蓝天白云下拍摄风光摄影作品,开启 HDR 后能让蓝天变得更蓝,绿草变得更绿。在大多数拍摄场景下,HDR 技术对拍摄质量的提升是显而易见的。但拍摄日出和夕阳时,不宜启用 HDR 功能,因为启用后会对太阳的曝光亮度做出误判,而导致丧失丰富的色彩效果。顶光拍摄人像经常会在人的眼睫毛、鼻下、唇下留下难看的阴影,逆光条件下拍摄人像通常会出现黑脸现象,顺光条件下拍摄人像则容易出现皮肤或高亮度物体过曝现象。

拍摄运动物体、高对比度场景、色彩鲜艳的场景时,均不建议使用 HDR 模式。拍摄高速运动的物体,如用 HDR 模式则容易造成残影现象;拍摄颜色艳丽的物体时容易出现"褪色"现象。拍摄明暗对比强的物体时,HDR 模式会自动降低对比度,最初计划所要呈现的独特意境难以有效呈现,因而,此时也需关闭此项功能。

六、手机后期制作软件

1．Snapseed

这是目前手机后期软件中最为专业、最具交互性和人性化的后期修图工具,也是最接近PS 的一款移动修图软件。它具有强大的蒙版修复细节和曲线功能,能够对亮度、对比度、饱和度、高光、阴影等方面进行优化与调节,是手机后期修图软件的首选。

2．相机360

相机 360 软件的地位仅次于 Snapseed,除了没有 Snapseed 的蒙版和曲线功能外,其他功能全都具备,对清晰度、色调、对比度、饱和度、色彩等方面均可进行调节优化,其个性贴纸功能、人像处理、多种情景模式、拼图等,能轻松实现现实与虚拟的完美结合,不仅可以增强画面的层次感,还能让画面更具吸引力,主体表现更加立体。此外,MIX 是相机 360 旗下的一款主打个性滤镜的修图工具,它可一键实现各种天空效果和一些星云、纹理效果。

3．天天 P 图

界面简洁流畅,化妆、抠图功能是其主要特色,此外,还有智能补光。在美颜处理上,可进行特效、美白、磨皮等处理。

4．美图秀秀

该款软件能将美颜功能发挥到极致,主要功能有智能美化图片、人像美容、拼图、滤镜特效等。

5．Picsart

这款软件功能除了 Snapseed 蒙版外,其他功能几乎都可以实现。它有丰富的橡皮擦除功能、贴纸功能、绘画功能、双重曝光功能、抠图功能等。

6．Prisma

这是一款人工智能修图工具,用它处理照片可以轻松实现油画、简笔画等效果。

7．Pixlr

该软件界面简洁,启动速度快,其多重叠加的滤镜特效与多重曝光功能、拼图功能均被业界认可。

8．VSCO

这款软件拥有能满足多种场景的丰富滤镜。

 思考与练习题

1. 如何利用手机拍摄出高清晰的全景风光摄影作品?
2. 如何利用手机创作出有一定意境的多重曝光摄影作品?

摄影创作实训

1. 利用手机进行风光摄影、人像摄影等的实拍训练。

2. 在雨天、雾天等不同气候条件下拍摄手机摄影作品。

第二十章　优秀摄影佳作欣赏

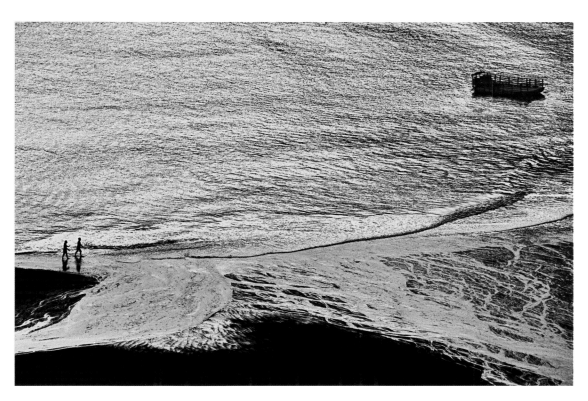

图 20-1 《梦之旅》 陈丽娜 摄 （江苏省第四届大学生艺术展演摄影甲组二等奖）

图 20-2 《路在脚下》 杨孙泓 摄 （江苏省第四届大学生艺术展演摄影甲组一等奖）

图 20-3 《牵手》 杨运 摄 （江苏省第三届大学生艺术展演摄影甲组二等奖）

图 20-4　《晨曦》 陈丽娜 摄 （第三届中国大学生现代摄影大赛佳作奖、2011 年江苏省"领航杯"
大学生数字媒体作品竞赛二等奖）

图 20-5　《雾霾之思》 陈栋 摄 （江苏省第四届大学生艺术展演摄影甲组三等奖）

图 20-6 《郊游》 陈丽娜 摄 （江苏省第三届大学生艺术展演摄影甲组一等奖）

图 20-7 《良心秤》 朱霄熠 摄 （2016 年江苏省"领航杯"大学生数字媒体作品竞赛二等奖）

图 20-8 《大学校园——我的家》 朱国钧 摄 （江苏省第三届大学生艺术展演摄影甲组二等奖）

图 20-9 《岁月静好》 翟冬阳 摄 （2016 年江苏省"领航杯"大学生数字媒体作品竞赛三等奖）

图 20-10 《蝶恋花》 朱国钧 摄

图 20-11　《少女情思》　邱志定 摄

图 20-12　《纽扣》　汝心怡 摄

图 20-13 《鞋子广告》单国浩 摄

图 20-14 《织》陈琳 摄 （2017 年江苏省"领航杯"大学生信息技术应用能力大赛二等奖）

图 20-15　《拍偶像》 吴濛 摄

图 20-16　《少女之梦》 曹欣雨 摄

图 20-17 《不速之客》 王可尔 摄

图 20-18 《金色的希望》 蔡春雨 摄

图 20-19　《梨海茶韵》 侯永兴 摄

图 20-20　《疾行》 于自祥 摄

图 20-21 《印象河畔》 苏伯贤 摄

图 20-22 《塔川秀色》 徐沂业 摄

图 20-23 《多依树之晨》 徐建平 摄

图 20-24 《城市暮色》 聂荣龙 摄

参 考 文 献

[1] 吉龙生. 摄影艺术的审美特性[J]. 艺术百家，2007(Z2)：208-209.

[2] 颜志刚. 摄影技艺教程[M]. 8版. 上海：复旦大学出版社，2020.

[3] 霍瓦. 摄影大师对话录[M]. 刘俐，译. 北京：中国摄影出版社，2000.

[4] 美国纽约摄影学院. 美国纽约摄影学院摄影教材[M]. 北京：中国摄影出版社，2010.

[5] 安. 新数码摄影师手册：数码摄影及后期制作[M]. 金马，译. 北京：中国摄影出版社，2005.

[6] 向诚. 数码人像摄影教程[M]. 北京：人民邮电出版社，2008.

[7] 刘峰，吴洪兴. 数字影视后期制作[M]. 2版. 北京：中国广播影视出版社，2020.

[8] 麦克劳德. 国际摄影艺术教程：摄影后期[M]. 孙德伟，译. 北京：中国青年出版社，2008.

[9] 萨维尼. 商业摄影大师班[M]. 尹婉虹，译. 北京：中国摄影出版社，2013.

[10] 刘峰，吴洪兴，李振宇，等. 电视摄像[M]. 苏州：苏州大学出版社，2017.

[11] 兰德，布劳顿，昆坦斯-菲德勒. 美国布鲁克斯摄影学院数码摄影教程[M]. 于东东，译. 北京：中国摄影出版社，2014.

[12] 刘峰，李振宇，许爱国. 影视艺术通论[M]. 北京：中国广播影视出版社，2014.